BULLETIN N° 24. — TOME II. (1891-1892). DÉCEMBRE 1891.

# LE MASSIF D'ALLAUCH[1]

PAR

M. Marcel BERTRAND
Ingénieur en chef des Mines,
Professeur de géologie à l'École nationale des Mines.

## INTRODUCTION

J'ai publié il y a deux ans, dans les Comptes rendus de l'Académie des sciences [2], une courte note sur le massif d'Allauch, (au nord-est de Marseille), et sur les phénomènes remarquables qu'une première étude m'y avait fait découvrir. Avant de donner de ces phénomènes une description plus détaillée, je crois utile de reproduire brièvement le résumé des faits principaux, et l'explication que j'avais cru pouvoir en proposer.

Le massif d'Allauch, entre Pichauris, Allauch et la plaine de l'Huveaune, a la forme d'un triangle presque équilatéral, d'environ 8 kilomètres de côté, il constitue une sorte de plateau très inégal et très profondément raviné, dont le Néocomien inférieur, en bancs généralement horizontaux, constitue le soubassement, et dont les calcaires à Hippurites couronnent les sommets. Mais ce massif à structure à peu près régulière est entouré d'une ceinture étroite et continue de couches étirées et disloquées, où se pressent les terrains les plus variés, depuis le Trias jusqu'au Crétacé supérieur; dans les points où cette bande s'élargit, la coupe en est bien nettement celle d'un pli anticlinal, toujours renversé vers le massif; dans les points où elle se resserre, jusqu'à n'être plus marquée que par un mince cordon de marnes irisées et de cargneules, on est naturellement tenté, par raison de continuité, de lui attribuer la même signification et d'y voir un pli anticlinal écrasé. On se trouverait alors en face d'un problème d'un nouveau

[1] La légende commune à toutes les figures du texte et aux coupes de la planche II, est donnée au-dessous de la figure 1, page 5.
[2] 26 octobre 1888.

genre : un pli, qui au lieu de s'allonger en direction, se recourberait sur lui-même et décrirait une courbe complètement fermée.

Or, si l'on comprend l'existence d'un pli sinueux, si l'on conçoit qu'une ondulation, au lieu de se propager en ligne droite, soit déviée par un obstacle, subisse un ressaut ou change de direction, on ne peut comprendre, avec l'idée que nous nous faisons de la formation d'un pli, qu'il se propage *en rond*, et que son contour dessine une ligne elliptique. Il faut donc, ou que la structure anticlinale constatée dans la ceinture du massif soit une simple apparence, ou qu'elle soit produite par une autre cause que par celle qui produit les phénomènes ordinaires de plissements.

La seconde particularité n'est pas moins remarquable : le pli qui ferait ainsi le tour du massif d'Allauch, n'est pas un pli droit, mais un pli *couché vers le massif ;* partout du moins où la retombée du pli n'est pas supprimée de ce côté, c'est-à-dire partout où la bande périphérique de Trias est séparée du massif par des couches d'âge intermédiaire, ces couches sont renversées et plongent sous le Trias. Partout le Trias est incliné comme pour aller recouvrir le massif d'un manteau de couches plus anciennes.

L'explication de ces faits m'avait semblé s'imposer avec évidence ; ce manteau de couches plus anciennes aurait réellement existé au-dessus du massif ; en d'autres termes un vaste pli couché se serait étendu au-dessus du massif ; la surface de glissement dans ce pli couché, avec les *lambeaux de poussée* qui l'accompagnaient, aurait été dénivelée par des failles et bosselée par des compressions ultérieures, et les érosions s'attaquant aux parties en saillie, auraient fait apparaître le substratum à la place actuelle du massif. Il est clair que dans ce cas l'affleurement de la surface de glissement doit dessiner une ligne circulaire autour de ce dôme du substratum (ou du flanc inférieur) ; que cet affleurement doit montrer le Trias incliné vers le massif et séparé de lui d'une manière plus ou moins continue par les lambeaux de poussée, qu'il doit donc présenter partout l'apparence d'un pli anticlinal écrasé, renversé vers le massif, ou couché sur lui. L'hypothèse rendrait donc compte, non seulement de la courbe inusitée des affleurements, mais encore de l'étirement des couches et de l'écrasement de la bande triasique, qui par places affecte presque l'allure d'un filon au milieu du Crétacé.

L'explication non seulement me semblait satisfaisante, mais elle me semblait la seule possible. J'ai donc cru pouvoir la publier, avant d'avoir vérifié par une étude suffisamment détaillée comment la coupe générale résultant de cette hypothèse pouvait se raccorder avec celle des massifs voisins. Quand j'ai tenté ce raccordement, je me suis heurté à de sérieuses difficultés qui seront exposées dans cette note : elles ne me semblent pas condamner absolument ma première hypothèse, mais elles la rendent moins probable. J'ai alors repris dans ces deux dernières années l'étude du massif et d'une partie des massifs voisins ; je me suis attaché surtout à suivre les lignes de discontinuité et à caractériser leur nature, à distinguer en d'autres termes les failles de plissement ou d'étirement, les failles de décrochement (*blatt*) et les failles d'affaissement.

J'ai été amené ainsi à concevoir la possibilité d'une seconde hypothèse, que j'exposerai en regard de la première, sans oser me prononcer entre elles deux d'une manière formelle. L'important est avant tout de décrire les faits et d'en permettre le contrôle : les deux interprétations possibles soulèvent d'ailleurs des problèmes importants, dont l'un surtout mérite de fixer l'attention, c'est l'existence probable en Provence d'une grande bande de plissements indépendante des plis déjà décrits et transversale à ces plis.

Pour permettre de suivre la description des faits, j'ai joint à cette note une carte géologique de la région au $\frac{1}{80000}$. Cette carte réunit deux parties déjà publiées séparément par le service de la carte géologique ; la première, la plus étendue, située sur la feuille d'Aix, a été faite par notre confrère M. Collot ; la seconde seulement, (feuille de Marseille) est le résultat de mes propres observations. A mes propres contours, aussi bien qu'à ceux de M. Collot, j'ai été amené à apporter quelques modifications de détail ; dans ces pays, où l'extrême complication se dissimule si souvent sous une apparence de régularité relative, on ne peut arriver à l'exactitude complète que par des approximations successives.

## DESCRIPTION DES FAITS OBSERVÉS

**I. Massif d'Allauch** (*Massif de Garlaban*). — Je désigne ainsi d'une manière plus spéciale le grand massif triangulaire de roches abruptes et dénudées, qui se dresse au N.-E d'Allauch, et se trouve compris entre deux failles dirigées obliquement l'une sur l'autre, l'une à peu près N. S., l'autre N. E.-S. O. ; dans ce massif les couches crétacées sont restées dans leur ensemble régulièrement horizontales, ou du moins faiblement inclinées. Je n'ai guère pour cette partie d'observations personnelles à mentionner; la carte de M. Collot, reproduite sans modifications, en traduit très exactement la physionomie.

Cette partie de la région a été l'objet en 1888 [1] d'un mémoire de MM. Gourret et Gabriel, qui, quoique ayant surtout pour but l'étude de la bauxite et des différents niveaux du Crétacé supérieur, renferme, avec de nombreuses coupes, beaucoup de détails stratigraphiques intéressants. Outre les failles principales qui concordent naturellement avec celles qu'a indiquées M. Collot, un assez grand nombre de failles secondaires y sont indiquées. Pour une connaissance plus complète du massif, je me contente de renvoyer à ce travail ; j'aurai seulement quelques réserves à indiquer à propos des failles de la bordure, dont d'ailleurs MM. Gourret et Gabriel ne se sont occupés qu'incidemment. Pour faciliter les comparaisons, j'ai employé dans ma note les mêmes notations que ces auteurs.

[1] Le Crétacé de Garlaban et d'Allauch, *Bull. Société Belge de Géologie*, t. II, p. 297.

Les calcaires du Néocomien inférieur (Valenginien de M. Collot et de MM. Gourret et Gabriel) forment le soubassement du massif. Ces calcaires, dont l'épaisseur dépasse une centaine de mètres, sont seulement fossilifères dans leurs couches supérieures (couches à gros Bivalves et à *Natica Leviathan*). Ils sont surmontés par les marnes et calcaires marneux du Néocomien, contenant une faune très riche (*Ostrea Couloni*, *Terebratula prælonga*, *Echinospatagus ricordeanus*, etc.,) et se chargeant de silex à leur partie supérieure. Mais tandis que ces étages montrent une puissance au moins égale à celle qu'ils présentent dans le voisinage, et notablement supérieure à celle qu'on leur trouve plus à l'est, les étages suivants sont au contraire très réduits ou font même défaut. L'Urgonien, si développé tout autour du massif, s'amincit rapidement du sud-ouest au nord-est, et disparaît dans tout l'angle septentrional. Une couche importante de bauxite surmonte au sud ses derniers affleurements. L'Aptien fait partout défaut; le Cénomanien n'est pas mentionné par M. Collot; je suis disposé ainsi que MM. Gourret et Gabriel, à en voir le représentant dans des calcaires compactes et grésiformes qui forment la base du Turonien ; mais, pas plus que ces auteurs, je n'y ai trouvé de fossile déterminable ; son épaisseur en tout cas serait très faible. Le Turonien, au sud, correspond assez bien à celui des Martigues, ainsi que l'a montré M. Depéret [1], et comprend des bancs noduleux à *Biradiolites cornupastoris* surmontés par une alternance de marnes et de grès en partie saumâtres. Toutes ces couches disparaissent progressivement vers le nord-est, d'abord les bancs noduleux à *Biradiolites*, puis les couches saumâtres, si bien qu'au dernier sommet où apparaissent les calcaires à Hippurites (S.O. du point 642), ils reposent d'après M. Collot, directement sur le Valenginien. Ces lacunes importantes dans la série crétacée sont d'autant plus dignes de remarque, que tous ces étages se retrouvent bien développés à peu de distance et dans toutes les directions autour du massif.

Un autre fait intéresssant est à signaler : le massif est traversé par une série de failles, alignées dans le sens de sa plus grande largeur, du S. O. au N. E. La plus importante (faille principale de MM. Gourret et Gabriel) borde à l'est les affleurements de calcaires à Hippurites; d'après ces auteurs elle se suit jusqu'à la bordure méridionale, au sud de la tête de Peynaou. Quoique je ne l'aie pas prolongée aussi loin sur la feuille de Marseille, ce parcours me semble assez vraisemblable ; le temps m'a manqué pour retourner sur les lieux faire la vérification.

Une seconde faille à peu près parallèle se rencontre un peu plus à l'est; elle longe le bas du grand ravin du Puits-du-Murier, et vient aboutir un peu au sud des Bellons, au-dessus de la Treille; cette seconde faille rejette nettement les couches de la bordure. Elle se perd au N. E, au milieu des calcaires uniformes du Valenginien.

Plusieurs autres failles moins importantes suivent la même direction ; il en est de même de la grande faille qui limite au nord-est le massif (faille *x* de MM.

[1] *Bull. Soc. Géol.*, 3e sér., t. XVI, p. 559.

Gourret et Gabriel), mais cette dernière fera plus loin l'objet d'une étude spéciale.

En résumé, le massif d'Allauch (ou de Garlaban) présente dans son ensemble une structure simple et régulière : une succession de couches horizontales, dénivelées par quelques failles N.O.-S. E.; de plus la série de ces couches est incomplète, avec des lacunes qui ne se retrouvent pas autour du massif, dans quelque direction qu'on s'en éloigne.

**II. Bordure méridionale**. — Si, après ce premier examen du massif, on en suit le bord, entre Allauch et le Jas de Fontainebleau, on voit les couches prendre une inclinaison assez régulière vers le sud, c'est-à-dire vers la plaine de Marseille ; mais ce pendage uniforme, au lieu d'amener l'affleurement de couches plus récentes, amène au contraire celui de termes variés du Crétacé inférieur, du Jurassique et du Trias. Ce retour de couches plus anciennes a été naturellement d'abord expliqué par une faille ; il y a bien faille en effet, ou plutôt une série de failles, mais de ces failles propres aux régions de plissement, qui se produisent parallèlement aux bancs, et qui ne sont que des étirements ou des glissements le long des flancs d'un pli. En réalité, les faits ne peuvent donner lieu à aucune difficulté d'interprétation, et se traduisent par l'existence d'un *pli anticlinal, très écrasé, couché vers le massif.*

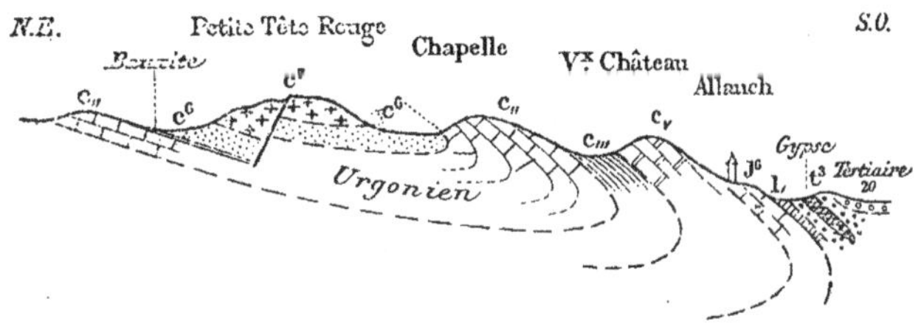


Fig. 1.

$t_1$, Muschelkalk. — $t^3$, Marnes irisées. — $l_1$, Couches à *Avicula contorta*. — $l^1$, Dolomies infra-liasiques. — $l^3$, Lias et Bajocien (calcaires à silex). — $j_{,,,}$, Bathonien. — $j^2$, Calcaires oxfordiens. — $j^5$, Dolomies du Jurassique supérieur. — $j^6$, Calcaires blancs. — $c_v$, Valenginien. $c_{,,,}$, Marnes et calcaires néocomiens. — $c_{,,}$, Urgonien. — $c_I$, Aptien (et Gault ?). — $c^5$, Cénomanien. — $c^6$ Turonien. — $c^7$, Sénonien. — $c^9$, Couches saumâtres et lacustres (série de Fuveau). — 20, Terrains oligocènes discordants.

NOTA. — Cette légende s'applique à toutes les figures du texte et aux coupes de la planche II.

Je commencerai d'abord par reproduire la coupe d'Allauch même, qui a été déjà donnée par M. Depéret[1]. Elle montre le Crétacé se recourbant en un pli synclinal, qui ramène jusque au village la série assez complète des étages renversés. Je crois même, comme M. Depéret l'indique avec un point d'interrogation, que les calcaires sur lesquels Allauch est construit, avec leurs intercalations dolomitiques, sont les calcaires blancs du Jurassique supérieur. M. Collot[2]

[1] *Bull. Soc. Géol.*, 3e série, t. XVI, p. 563.
[2] *Id.* 3e série, t. XVIII, p. 66.

voudrait y voir un retour de l'Urgonien par suite d'un anticlinal secondaire, au centre duquel apparaîtrait le Néocomien à *Ostrea Couloni*. Rien ne me paraît justifier cette interprétation plus compliquée, ni l'hypothèse d'un pli secondaire qui n'aurait d'analogue dans aucune des coupes voisines. Les calcaires blancs, comme l'a figuré M. Depéret, plongent sous l'Infralias (plaquettes calcaires et lumachelles), visible dans un chemin au sud du village, et celui-ci plonge à son tour sous les marnes irisées, où le gypse est exploité en de nombreuses carrières. On arrive là dans la région centrale du pli, sur le flanc duquel, comme on voit, une grande surface de glissement a supprimé presque toute la série jurassique.

Vers l'est, du côté du château de Carlavan, le Tertiaire vient recouvrir transgressivement les derniers termes de cette coupe et masque successivement le Trias et le Néocomien. Plus loin, notamment dans la colline qui au nord de Montespin forme une saillie dans le bassin tertiaire, on voit apparaître les dolomies du Jurassique supérieur ; on pourrait croire qu'elles continuent les calcaires blancs d'Allauch, mais en réalité elles en sont séparées par une bande étroite de Trias. Si l'on monte, derrière le château, dans la combe étroite, où affleure le Néocomien très contourné, on trouve, à partir du petit col auquel elle conduit, une ligne de champs cultivés, avec puits et affleurements rougeâtres ; ce sont les marnes irisées et les cargneules qui les accompagnent; leur largeur n'atteint pas cent mètres ; mais on peut les suivre sans interruption jusqu'au delà de la colline de Montespin, derrière laquelle j'ai observé la lumachelle de l'Infralias, et jusque aux Bellons, où le gypse est exploité. Au nord de cette bande triasique, s'élève la montagne crétacée, dont le revers est là constitué par les calcaires urgoniens renversés sur le Turonien, tandis qu'au sud le Trias plonge sous les dolomies jurassiques déjà mentionnées, recouvertes par l'Urgonien, avec quelques lambeaux d'Aptien. On peut d'ailleurs constater que l'Urgonien du nord s'enfonce sous le Trias : au col de Montespin, il se continue en effet par une barre calcaire presque horizontale, qui s'avance transversalement, au-dessous des calcaires délitables, sur plus de la moitié de la largeur de la bande cultivée. La coupe en ce point est donc la suivante (fig. 2) :

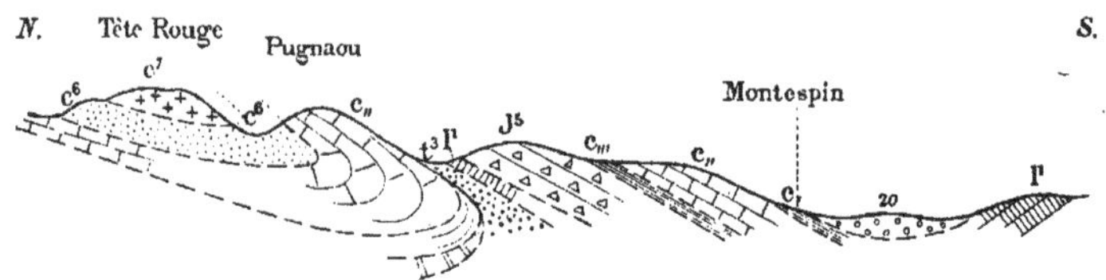


Fig. 2.

Au sud, de l'autre côté d'un affleurement de poudingues tertiaires, s'étend la large traînée de terrains triasiques et d'Infralias, relativement peu disloqués, qui se développe entre les Acates, Valentine, les Olives et Allauch. Les terrains secondaires de Montespin remplissent donc une cuvette entre les deux traînées triasiques, avec cette particularité que sur le bord septentrional, seul observable, la série des terrains est très incomplète. Si l'on cherche à établir le parallélisme des deux coupes (fig. 1 et 2), on voit que cette cuvette serait à Allauch complètement vidée de son remplissage secondaire, ou même peut-être complètement effacée ; qu'au nord de cette cuvette, le pli anticlinal d'Allauch, toujours couché vers la montagne, se continue par la petite bande triasique, et que l'axe s'en rapproche progressivement de la charnière synclinale des Baous rouges. Autrement dit, les termes renversés qui forment le flanc inférieur du pli, se réduisent de plus en plus : à Allauch ils comprennent l'Infralias, le Jurassique supérieur, le Néocomien, l'Urgonien et le Turonien ; à l'est de Carlavan, ils se réduisent aux trois derniers termes, et plus à l'est, ils ne comprennent plus que l'Urgonien.

Poursuivons notre examen vers l'est : aux Bellons, il y a décrochement et rejet par la faille transversale dont j'ai déjà parlé. Ce n'est plus le Trias, mais l'Infralias (marnes vertes, calcaires en plaquettes, et lumachelle), qui se retrouve plus au sud, formant une bande étroite, analogue à la précédente, à partir de Martelleine ; cette bande s'élargit un peu au S.E. de la Treille, et laisse apparaître les marnes irisées ; on la suit sans interruption, par le versant de la colline 373 et par les Lyonnaises jusque au Jas de Fontainebleau, et tout le long du chemin d'Allauch, jusqu'à Font-de-Mai, où elle se contourne vers le nord, comme je le dirai tout à l'heure. L'allure de la bande est là particulièrement instructive, parce qu'elle s'élargit notablement à partir du Jas de Fontainebleau, et montre alors sans ambiguité sa structure anticlinale renversée vers le massif : au bas du vallon que suit le chemin d'Aubagne, affleurent les dolomies de l'Infralias supérieur, pendant vers le sud ; un peu au-dessous du chemin, elles sont surmontées par la zone à *Avicula contorta*, très bien développée avec ses marnes vertes, ses plaquettes à *Avicula contorta* et sa lumachelle à *Plicatula intustriata ;* plus haut, affleurent dans les champs les marnes irisées, où un peu plus à l'est le gypse est exploité ; puis la série normale reprend, avec l'Infralias toujours incliné vers le sud. Le centre du pli est là complet, sans étirement ni suppression de couches (fig. 4).

La position de l'axe du pli étant ainsi bien établie, on comprend facilement les phénomènes variés que présentent ses retombées ; au sud d'abord près de la Treille, l'Urgonien est en contact direct avec l'Infralias, sans doute par suite d'une faille de tassement secondaire ; cet Urgonien un peu à l'est de Chapelette, plonge sous l'Aptien marno-calcaire, sous le Cénomanien à Caprines et sous le Turonien à Radiolites. Mais le contact anormal de l'Urgonien et de l'Infralias ne se continue pas longtemps ; entr'eux on voit s'intercaler successivement les calcaires blancs, puis les dolomies du Jurassique supérieur, le Bathonien calcaire, le Bathonien marneux à *Cancellophycus*, les calcaires à silex et le Lias à *Pecten æquivalvis* et à Spiriférines. Il y a là, au S. O. de Font-de-Mai, un point privilégié dans cette zone d'étirements exceptionnels, où la retombée sud du pli est complète.

Au nord au contraire, la retombée du pli fait complètement défaut, ou présente des complications qui la rendent d'abord méconnaissable. Entre Martelleine et les Lyonnaises, c'est le Néocomien, sans renversement, qui vient au contact de l'Infralias et du Trias ; il surmonte le Valenginien des plateaux, qui s'abaisse lentement et régulièrement vers le sud (fig. 3). Ainsi ce n'est pas seulement la retombée du pli anticlinal, mais aussi le centre du pli synclinal, où nous avions suivi de l'autre côté de la faille les Hippurites et le Turonien, qui semble là avoir disparu ; ou au moins le pli synclinal, moins profondément creusé ou plus profondément dénudé, ne laisse plus là affleurer que le Néocomien. Un peu plus loin, vers les Lyonnaises, une bande d'Aptien s'intercale entre ce Néocomien et l'Infralias, et elle va s'élargissant du côté du nord-est, vers Artussol et les

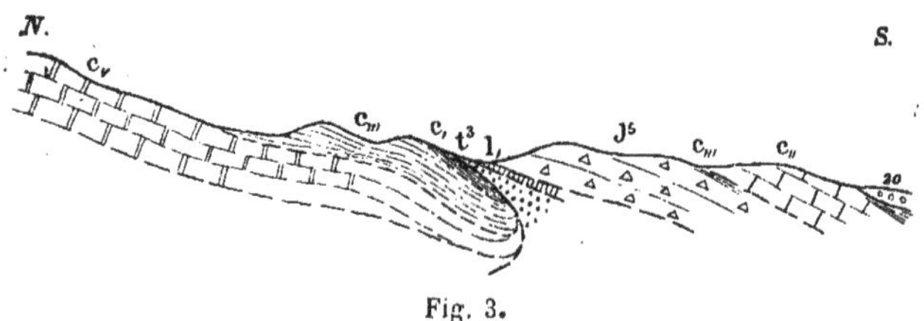


Fig. 3.

Camoins. J'y ai recueilli *Ostrea aquila*, *Orbitolina* (sp.), *Plicatula placunea*, *Belemnites* (sp.). Une grande partie de cette bande est formée par des calcaires grèseux et siliceux, qui, d'après les fossiles que M. Collot signale dans des calcaires analogues au hameau de Putis, pourraient partiellement représenter le Gault. Au milieu de cette bande, au sud des Camoins, se dresse une haute barre calcaire, partageant le pendage général, et se terminant en pointe à ses deux extrémités, qui pourrait bien, d'après sa position et d'après l'aspect de la roche, représenter un morceau de Cénomanien pincé dans l'Aptien ; mais je n'ai pu y trouver de fossiles.

Cet Aptien occupe une situation d'autant plus bizarre en apparence, que le Valenginien du plateau, au lieu de s'incliner et de passer au-dessous de lui, comme plus à l'ouest, vient s'arrêter contre une nouvelle faille N.E. La descente de ce Valenginien, au lieu de se faire par une pente régulière, se fait par une chute brusque, qui laisse ses couches horizontales et fait même un instant apparaître à ses pieds les dolomies du Jurassique supérieur (fig. 4 et 5), si bien que l'Aptien est enclavé entre l'Infralias et le Néocomien inférieur, et qu'il n'y a plus succession de terrains de plus en plus récents à partir du centre de l'anticlinal.

Les figures (3) et (4) résument cette description, en montrant la disposition des couches près des Lyonnaises et à Font-de-Mai. On remarquera dans cette dernière figure les dolomies jurassiques renversées qui s'intercalent entre l'Aptien et le Trias. La colline boisée que forment ces dolomies est bizarrement surmontée par une masse de calcaire compact, qui semble d'après l'aspect de la roche se rapporter au Valenginien, et qui sur l'autre versant est nettement superposée à l'Aptien (ou Gault ?). L'interprétation que donne la coupe m'a semblé la seule possible.

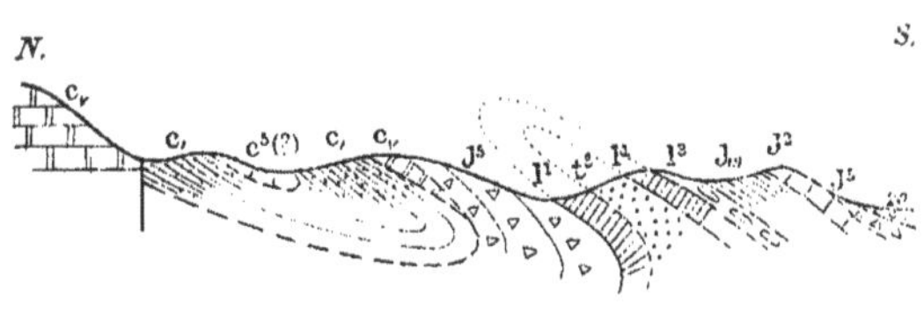

Fig. 4.

**III. Bordure orientale.** — La bordure orientale continue sans interruption la bordure méridionale ; c'est encore la continuité d'une bande étroite de Trias qui en forme le trait dominant. Cette bande triasique, un instant élargie à l'ouest du Font-de-Mai, se rétrécit de nouveau en se contournant vers le nord, et la place jusque aux Gavots n'en est plus marquée que par une étroite dépression cultivée, où se rencontrent partout des débris de cargneules. Sa largeur se réduit par places à une vingtaine de mètres, mais elle ne s'étrangle nulle part jusqu'à disparaître complètement. A l'ouest, comme je viens de le dire, se montre l'Aptien avec sa barre médiane ; les deux formations sont en contact aux Camoins [1] ; au sud elles sont séparées par des dolomies jurassiques qui finissent en pointe avant la ferme. De l'autre côté de l'Aptien se dresse la muraille du Valenginien horizontal, au pied duquel apparaissent un instant les dolomies jurassiques (fig. 5).

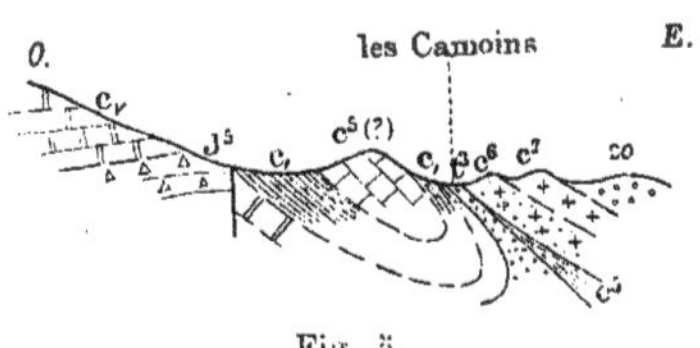


Fig. 5.

Le fait remarquable à ce tournant du Trias est la rapidité avec laquelle disparaissent les termes jurassiques de l'autre retombée du pli, que nous avions vu se compléter au sud de Font-de-Mai (fig. 4). La transgression des couches tertiaires empêche malheureusement de suivre les détails de cette disparition ;

[1] La ferme des Camoins, entre Font-de-Mai et les Gavots, n'est pas marquée sur la carte d'Etat-Major.

à la route d'Aubagne au Jas de Fontainebleau, elles masquent tout jusque à un banc de calcaire à silex (Bajocien ou Lias), qui surmonte l'Infralias. Dans le fond du vallon, qui au-dessous de la route va à Font-de-Mai, on ne trouve comme Jurassique que les dolomies de l'Infralias ; mais un peu au-dessus du vallon, au sud j'ai trouvé des lambeaux de Lias et au nord des lambeaux de Bathonien. Cet Infralias est directement surmonté par le Cénomanien, d'abord sableux, puis calcaire, avec *Ostrea Columba* et Caprines, et ensuite par les calcaires à Rudistes. En remontant au nord, l'Infralias disparaît, le Cénomanien lui-même s'étrangle, et aux Camoins, ce sont les calcaires à Hippurites turoniens qui s'appliquent contre le Trias (fig. 5). Puis jusque aux Gavots (fig. 6), les termes intermédiaires reparaissent progressivement.

Quoique la suppression capricieuse et intermittente d'un nombre quelconque de termes de la série, et de plus la sinuosité des bandes formées par les termes conservés, donnent d'abord à ce petit coin de la région l'apparence d'un véritable chaos, où tout se mélange sans ordre et sans loi, on voit cependant qu'il

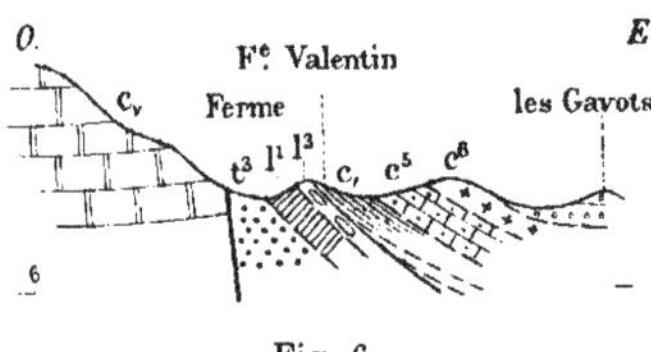


Fig. 6.

y a en réalité un ordre, et un ordre très constant dans la succession des affleurements, et que cet ordre est celui des deux retombées d'un pli anticlinal. Cet ordre y peut servir de guide aussi sûr pour l'étude des couches que la superposition dans des terrains horizontaux ; un terme qui ne serait pas à la place prévue serait une contradiction aussi choquante qu'une assise qui ne serait pas à son niveau dans le bassin de Paris.

Au nord des Gavots, les faits se simplifient beaucoup, parce que la bande triasique arrive au contact de la faille qui limite la muraille valenginienne. Quelle que soit alors l'interprétation qu'on adopte, on n'a plus au pied de la falaise qu'une série de couches sans interversion, débutant par le Trias et s'enfonçant sous la plaine de l'Huveaune. Aucun indice ne porte à supposer à la faille une inclinaison différente de la verticale; nulle part les couches ne semblent se retrousser ou se replier à son contact, et quand le Muschelkalk apparaît sous les marnes irisées, au nord de Lescours, il s'appuie directement contre la falaise. La coupe de l'ouest à l'est est donc, pour toute cette partie : une série crétacée horizontale, puis une faille verticale ramenant une série plus ancienne qui plonge à l'est. On peut supposer que le pli anticlinal se continue, et que la faille bordure en a supprimé toute la retombée ouest. C'est même l'hypothèse qui se présente le plus naturellement à l'esprit quand on considère la continuité de la bande de Trias, et la continuité de la bande secondaire qui l'accompagne à l'est, en montrant jusqu'à Lescours les mêmes phénomènes d'étirements et de suppressions intermittentes. Je tiens à me borner ici à l'examen des faits; mais, sans entrer dans la discussion, je dois indiquer l'argument indirect qui ressort de la coupe du pic de Garlaban.

Le pic de Garlaban, qui domine les Gavots, est le plus haut sommet du massif crétacé (687$^{m}$), auquel pour cette raison on donne aussi le nom de massif de Garlaban [1]. La croix élevée à son sommet est construite sur des calcaires gris compacts, qui reposent sur le Néocomien à *Ostrea Couloni*. Il était donc naturel, comme on l'a fait ordinairement, de rapporter ces calcaires au Néocomien supérieur ou à un faciès insolite de l'Urgonien. M. Collot a le premier remarqué que ces calcaires sont identiques aux calcaires valenginiens qui forment sur le plateau le substratum du Néocomien marneux, et il a de plus découvert entre ce Néocomien marneux et le sommet une petite bande de calcaires grèseux, jaunâtres, avec débris de Crinoïdes et d'Oursins, qui appartiennent certainement au Crétacé supérieur [2]. Nous avons pu nous convaincre dans une course commune que le Valenginién du sommet était ramené par une surface de glissement à peu près horizontale, et que le Garlaban correspond en réalité à la charnière synclinale d'un pli couché (fig. 7). Le Crétacé supérieur est limité à la partie

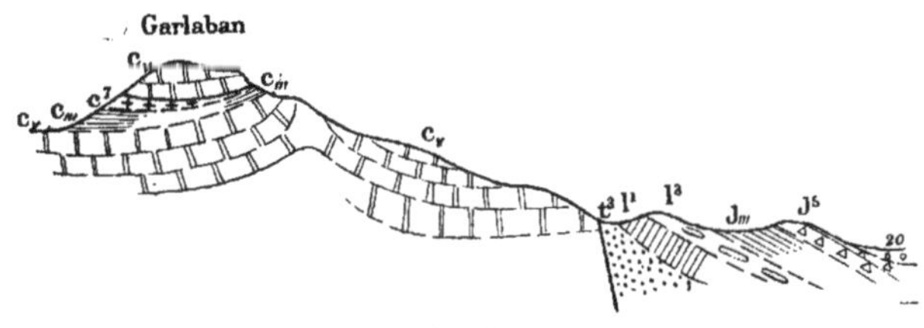

Fig. 7.

N.O.; cela indique le sens de l'ouverture du pli; le Néocomien marneux fait à peu près le tour du sommet; pourtant à l'est, il s'amincit et s'étire. La grotte qui est au-dessous du sommet est ouverte dans ses assises froissées et écrasées, réduites à un mètre ou deux; et au sud de la grotte il m'a même semblé disparaître complètement. Les calcaires valenginiens du sommet se raccordent là directement avec ceux qui forment la falaise; une petite voûte de calcaires verticaux, que l'on observe au commencement de la descente, me porte à croire que le pli du Garlaban est seulement un pli secondaire. mais il n'en montre pas moins que les phénomènes de plissement se continuent jusque-là, toujours avec la même tendance au renversement vers le centre du massif.

[1] C'est le nom donné par MM. Gourret et Gabriel.

[2] *Bull. Soc. Géol.*, t. XVIII. — M. Fournier, de Marseille, m'a de plus signalé récemment la découverte intéressante de lambeaux de bauxite *au-dessous* du chapeau du Garlaban. En raison du niveau constant occupé par la bauxite dans la région, c'est une nouvelle preuve du renversement.

J'ajouterai encore quelques mots, sans insister aussi longuement, sur la retombée des couches vers la plaine. Le système des lacunes intermittentes continue jusqu'à Lascours, c'est-à-dire pendant 4 kilomètres environ vers le nord; puis là, en même temps que cessent les affleurements tertiaires, la série jurassique se rétablit presque complète, plongeant avec des étages d'épaisseur normale, sous le bassin urgonien de Roquevaire. Voici brièvement comment les choses se passent : à partir du point où aux Camoins le Trias était compris entre l'Aptien et le Turonien, les différents étages reparaissent progressivement des deux côtés d'une ligne médiane : d'abord à l'ouest le Bathonien, puis les dolomies, puis le Bajocien et le Lias, en même temps à l'est, le Cénomanien, puis l'Aptien, puis l'Urgonien. Le Crétacé, ainsi repoussé vers l'est, est bientôt recouvert par les terrains tertiaires, et dans le vallon qui descend vers l'Etoile (fig. 7), on ne trouve plus que du Jurassique, le Bathonien marneux occupant la plus grande place. Suivant la ligne de thalweg de ce vallon, il y a tout à coup un resserrement brusque de la bande; c'est l'Urgonien, l'Aptien et le Cénomanien (Caprines, *Ostrea columba*), qui font face aux dolomies de l'autre versant (fig. 8), et le

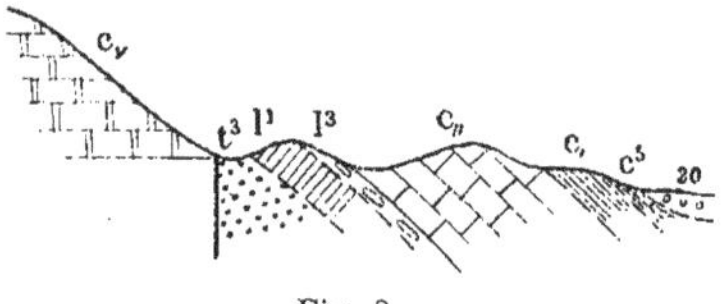

Fig. 8.

Jurassique se trouve réduit à une mince bande de dolomies et de calcaires à silex (baguettes et plaques de *Rhabdocidaris*), qui vont bientôt s'écraser contre la bande triasique. De là jusqu'à Lascours, je n'ai plus vu que de l'Urgonien et de l'Aptien ; enfin à Lascours un épanouissement brusque fait reparaître toute la série jurassique, formant des collines qui s'élèvent à plus de 200 mètres au-dessus de la plaine et s'étendent sur plus de 1500 mètres de largeur (fig. 9).

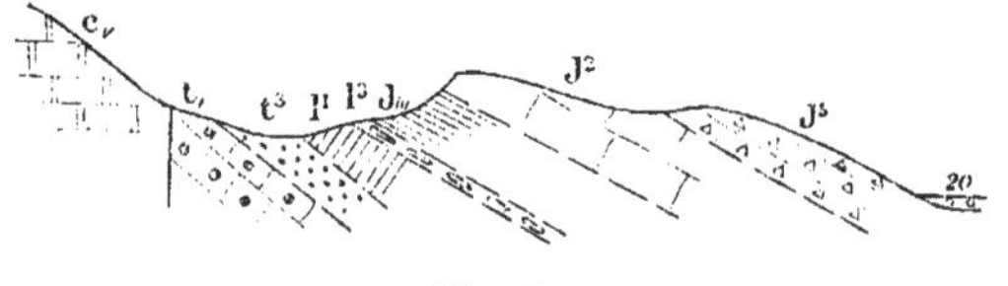

Fig. 9.

Au haut du col auquel aboutit la bande triasique au nord de Lascours, le Trias cesse, s'écrasant contre la faille ; l'Infralias et le Lias s'étirent au moins par places ; le Bathonien marneux s'amincit à son tour ; le Jurassique supérieur (calcaires oxfordiens et dolomies) conserve au contraire tout son développement, et l'on arrive ainsi à la faille (faille $x$) qui limite au nord-ouest le massif valenginien.

Cette faille se continue sans interruption à travers la série jurassique; elle rejette d'une centaine de mètres celle que nous venons de suivre mettant à l'est le même massif en contact avec le Trias. C'est une faille d'affaissement bien caractérisée, postérieure à tous les autres accidents de la région. Au nord de cette faille, le massif valenginien disparait; mais géologiquement parlant, le promontoire crétacé des Mics en est la continuation, ramenée à un niveau plus bas, et la ligne de collines jurassiques que nous avons vu depuis Lascours faire bordure à ce massif, se prolonge avec des caractères analogues jusqu'aux Termes (point culminant de la route de Marseille à Aix).

Au déplacement produit par la faille $x$ correspond un nouveau resserrement dans la série jurassique. Il est curieux de constater que ce ne sont pas les mêmes termes qui ont disparu de part et d'autre de la faille; le Bathonien, presque supprimé au sud, est très développé au nord. dans le vallon de Font-de-Mulle, et le contraire a lieu pour les calcaires oxfordiens. Le contact a lieu à l'est, non plus avec le Valenginien, mais avec des calcaires crétacés plus récents (Turonien, Sénonien et Aptien); mais ce contact continue à se faire par les termes jurassiques les plus anciens, qui sont successivement l'Infralias, le Lias, le Bathonien (froissé et écrasé au sommet du col qui mène de Font-de-Mulle au vallon des Termes); à la descente de ce col, des termes plus anciens apparaissent de nouveau, et j'ai même trouvé en un point (avec M. Collot) les marnes rouges du Trias. Au point où cessent les affleurements aptiens, l'Infralias qui les borde va se fondre dans une large bande infraliasique et triasique, dont je parlerai plus loin; mais la retombée continue à se faire vers le sud-est, en continuité avec la ligne de coteaux précédents. Le Lias et le Bathonien, prolongement ininterrompu de la série inférieure qui buttait contre l'Aptien, continuent à plonger, avec des lambeaux intermittents d'Oxfordien et de dolomies, sous le même bassin urgonien, celui de Peipin.

Ce bassin urgonien de Peipin, en continuité avec celui de Roquevaire, est le prolongement du Crétacé des Gavots, de la Treille et de Montespin; c'est lui qui permet de formuler simplement le résultat des descriptions précédentes : *une cuvette crétacée entoure le massif d'Allauch au sud-ouest, à l'est et au nord-est*; le bord de cette cuvette, du côté du massif, est garni irrégulièrement par les différents termes, étirés et intermittents, de la série jurassique; le rebord culminant est presque partout formé de Trias. Ce Trias à l'est s'appuie directement contre la falaise terminale du massif; mais au sud il en est séparé par un pli synclinal couché, dont le noyau étiré est tantôt enfoui par faille au pied du massif, tantôt supporté en concordance par les couches du plateau, qui forment alors le flanc relevé et non renversé de ce synclinal. Le schéma de la planche II, fig. 3, résume cette disposition. Il semble naturel de croire que le rebord supérieur de la cuvette marque partout la place d'un pli anticlinal, qui entoure parallèlement le massif; mais l'existence de ce pli anticlinal n'est prouvée que pour la partie méridionale.

**IV. Bordure nord-ouest du massif.** — Du côté du nord-ouest, le massif d'Allauch confine à la retombée du pli de l'Etoile, qui, orienté là à peu près est-ouest, est renversé sur le bassin crétacé de Fuveau. Toutes les collines au sud-ouest de l'Etoile, celles notamment du Pilon-du-Roi et de Notre-Dame-des-Anges, sont formées par la retombée régulière de ce pli, c'est-à-dire par la série des couches jurassiques et urgoniennes, en succession normale, avec leur puissance habituelle, et un pendage uniforme vers Marseille et vers la mer (fig. 10). Dans cet ensemble, le seul terme qui soit réduit, et même localement supprimé [1], est le Néocomien.

Je désigne sous le nom de bordure nord-ouest du massif deux triangles isolés, l'un près d'Allauch (triangle des Cadets), l'autre au sud de Peipin (triangle de Pichauris), qui séparent le massif d'Allauch du pli de l'Etoile. Ces deux triangles, tous deux très compliqués, ont une structure en apparence complètement

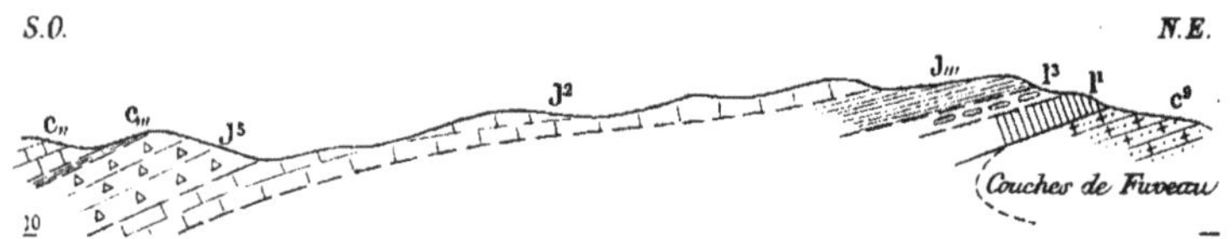


Fig. 10.

différente, et différente aussi de celle que je viens de décrire pour l'autre bordure. Le seul trait commun semble être l'apparition du Trias dans des situations inattendues, et sa tendance à se mettre en contact avec des terrains tous beaucoup plus récents. J'étudierai séparément ces deux triangles.

**IV*a*. Triangle des Cadets.** — Ce triangle n'est en réalité qu'une partie détachée et affaissée du massif d'Allauch [2]. Il en est séparé par une faille (faille *x* de MM. Gourret et Gabriel), qui longe au nord-ouest tout le massif, et vient aboutir aux dernières maisons du village d'Allauch. Cette faille (chemin du Jas de Moulet) est remarquable près d'Allauch, par l'existence d'un large remplissage de carbonate de chaux cristallisé (jusqu'à 2 mètres), qui en jalonne le parcours.

La presque totalité du triangle est occupé par les calcaires à Hippurites, dont les affleurements ont été étudiés en détail par MM. Gourret et Gabriel [3], et où ces auteurs ont signalé une suite de failles en échelons, ramenant plusieurs fois les mêmes couches (coupe du vallon des Amandiers). Mais ce qui est surtout important, c'est que ce petit massif de calcaires à Hippurites est séparé des couches néocomiennes et urgoniennes du massif de l'Etoile, par une bande étroite de marnes irisées et de cargneules, d'une largeur variant de dix à trente mètres. Cette bande a été signalée, à peu près en même temps que par moi, et d'une manière tout à fait indépendante, par MM. Gourret et Gabriel (faille *o* de ces auteurs). Mais ils ne semblent pas avoir attaché à ce fait singulier

[1] Collot, *Bull. Soc. Géol.*, 3e sér., t. XVIII, p. 58.
[2] Collot, *Bull. Soc. Géol.*, p. 91.
[3] *Bull. Soc. belge de géologie*, t. II, p. 297.

une grande importance. Voici d'ailleurs ce qu'ils en disent; après avoir constaté l'existence des marnes irisées et des cargneules au haut du vallon des Amandiers, puis leur disparition momentanée au S.-O., ils ajoutent : « on ne tarde pas à voir ses lèvres (de la faille) s'élargir de nouveau et être séparées par une couche formée par le remaniement des marnes irisées et des cargneules qui remplissent la faille, et des fragments du Néocomien et du Turonien qui en occupent les deux lèvres. Ce terrain remanié forme sur le parcours de la faille *o* une étroite bande cultivée, dont les plantations consistant surtout en amandiers, contrastent avec les rochers arides qui l'environnent. » Sur les coupes jointes au mémoire cité, le Trias est représenté comme compris entre deux plans perpendiculaires, comme le serait un véritable filon des marnes irisées.

Je n'ai pas besoin d'insister pour montrer que cette interprétation est difficilement admissible ; les marnes irisées ne peuvent ainsi s'être élevées dans une fente verticale, sur une hauteur qu'il faudrait évaluer à 6 ou 700 mètres, et l'on ne voit pas de quelle autre manière on pourrait arriver à considérer le Trias comme *remplissage* d'une faille qui sépare deux étages crétacés. En réalité cette faille a une bien autre signification que d'avoir mis momentanément au même niveau le Néocomien et le Turonien ; elle sépare deux compartiments de la région qui ont subi des mouvements complètement différents. En déplaçant verticalement, horizontalement ou obliquement l'un des compartiments le long de la faille, on n'arriverait jamais à le faire se raccorder avec l'autre. La présence de la bande triasique entre ces deux compartiments est un des faits qui pourra peut-être nous aider à concevoir les causes d'une séparation aussi profonde.

Et d'abord l'observation peut nous fournir un renseignement précieux sur la position stratigraphique de ce Trias : *il est superposé au Sénonien.* Divers indices m'avaient déjà fait prévoir cette conclusion ; mais, au point où la bande traverse le ravin, la berge de la rive droite montre nettement la superposition ; on y voit en bas, les calcaires marneux du Sénonien, qui dans le lit du ruisseau renferment de grands foraminifères (*Lacazina*), et au-dessus les marnes irisées ; toutes ces couches plongeant également d'une trentaine de degrés vers le nord-ouest (fig. 11). Presque immédiatement il est vrai, sur la rive gauche, af-

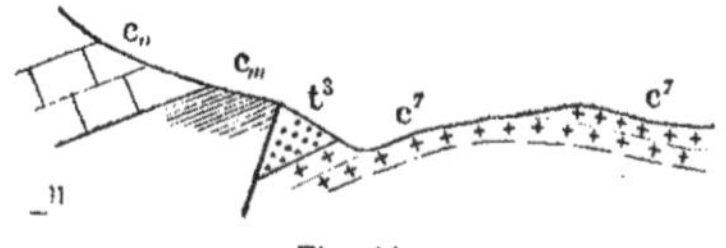

Fig. 11.

fleurent les calcaires à Hippurites qui, d'après les déterminations de MM. Gourret et Gabriel, seraient plus anciens, et qui prennent un pendage opposé, celui qu'indiquent les coupes de ces auteurs. Peut-être entre les deux points y a-t-il une nouvelle faille ; la question demanderait de nouvelles études, mais n'a qu'une importance secondaire : quelle que soit la coupe exacte de ce lambeau de calcaire à Hippurites (cette coupe m'a semblé en gros être celle d'une voûte dissymétrique, plus ou moins disloquée), ce lambeau plonge sous les marnes irisées. Ces marnes irisées plongent-elles à leur tour *sous* le Néocomien du massif nord ? Je l'avais cru vraisemblable d'abord ; mais le contact vers le haut du vallon semble bien se faire par faille verticale, et de plus la dissemblance complète des deux massifs me paraît maintenant nécessiter une autre interprétation.

Quoi qu'il en soit, là, comme sur la bordure opposée, le Trias se montre en cordon étroit le long du massif, et comme de l'autre côté, il est couché sur les calcaires plus récents qui sont affaissés au pied de ce massif.

Si maintenant l'on étudie le petit côté du triangle, celui qui à l'ouest confine à la bordure tertiaire, on retrouve des affleurements infraliasiques (lumachelle) au premier tournant de la route d'Allauch au Logis Neuf, et en arrivant à Allauch, au pied du chemin qui monte au village. Il y a encore un affleurement jurassique (dolomies supérieures ou infraliasiques ?) le long de la faille *x*, auprès d'un poste qui est à gauche du chemin de Jas de Moulet, un peu après le ravin (le Gravon) qui monte vers Pugnaou. Ces affleurements sont disposés de la même manière que celui du sud du village, c'est-à-dire qu'*ils recouvrent la série crétacée renversée.*

Si l'on fait en effet une coupe du nord au sud, près de la route du Logis-Neuf, on voit d'abord, comme l'a indiqué M. Collot[1], les calcaires à Rudistes passer sous les calcaires rouges et grèseux d'un mamelon couvert de grands pins. Un peu plus au sud, dans le petit vallon qui longe à l'est ce mamelon, on trouve les couches saumâtres du Turonien, mais peut-être est-on là déjà sur l'autre versant de la faille. A l'ouest du vallon, je n'ai trouvé au-dessus des calcaires roux que le Néocomien marneux assez réduit, avec un gros banc calcaire à la base qui forme barre (peut-être l'Urgonien), et au-dessus les calcaires valenginiens, d'un gris foncé, bordant la partie inférieure du ravin des Gravons. Ce sont ces calcaires qui plongent sous les lambeaux d'Infralias.

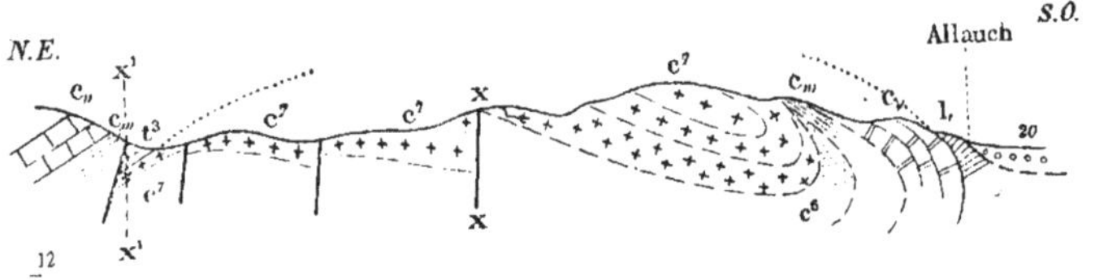

Fig. 12.

Ainsi la coupe de ce lambeau hippuritique, prise du N.-E au S.-O. serait la suivante (fig. 12). Des deux côtés, le Trias ou l'Infralias a tendance à le recouvrir.

[1] *Loc. cit.*, p. 91.

Je n'essaie pas de discuter ici jusqu'où allait primitivement ce recouvrement, et les pointillés de la coupe n'ont d'autre but que de faire comprendre comment la petite traînée de Trias a pu, quoique en superposition sur les calcaires, être dans le vallon des Amandiers, respectée si uniformément par la dénudation ; ce ne serait que le reste d'une masse beaucoup plus étendue.

Quant aux lambeaux qui se montrent au contact du Tertiaire, ils correspondent sans aucun doute possible à celui du sud du village, la bordure ouest du triangle des Cadets est la continuation, rejetée et déviée, de la bordure méridionale du massif. La torsion des marnes valenginiennes (marnes durcies de M. Collot) et leur contournement vers le nord est bien visible le long de la route de Marseille, à la sortie d'Allauch ; elle suffit pour expliquer le rejet des affleurements, sans supposer que la faille à remplissage spathique (faille $x$) soit une faille de décrochement ; d'ailleurs, vu l'inclinaison des bancs, un affaissement aurait également eu pour résultat de rejeter les affleurements plus au nord.

Il semble bien légitime de croire, il est même difficile de ne pas supposer que ces lambeaux infraliasiques se reliaient à la bande triasique (vallon des Amandiers) ; il n'y a même pas besoin d'invoquer pour celà un nouveau changement de direction ; la torsion observable à Allauch a déjà ramené les couches à la direction N.-E. ; et les dépôts tertiaires ne séparent les affleurements qui se font face que sur quelques centaines de mètres. Le degré d'incertitude qui en résulte pour la continuité de la bande triasique est exactement celui qu'aurait créé, à l'autre angle du massif, entre Font de Mai et Artussol, un avancement un peu plus grand de la transgression tertiaire. Il est même remarquable que ce soit précisément en ce point (c'est-à-dire au point de contournement vers le nord-ouest) que le Trias, à cette autre pointe de massif, réduise également la largeur de sa bande, et prenne des apparences de filon mince, comparables à celles de l'affleurement des Cadets.

**IV$_b$. Triangle de Pichauris.** – La bande des cargneules cesse au grand ravin des Maurins. De l'autre côté de ce ravin, j'ai encore rencontré quelques morceaux de cargneules, mais il m'a été impossible, malgré des recherches répétées, dans les bois et les broussailles épaisses qui couvrent les collines, de trouver trace d'une continuation de la bande. Il est probable, dailleurs, que si elle existait, elle serait facile à reconnaître par la continuité d'une dépression, au moins légère, à la surface. D'ailleurs, les Hippurites, ou plutôt les calcaires roux sénoniens qui les surmontent, à partir de la bastide du haut du vallon des Amandiers (Font-Rouge), cessent également, et même un peu plus tôt. Les dernières traces que j'en ai reconnues sont auprès du col qui domine la bastide, au haut de la descente vers le vallon des Maurins. Il y a donc là un espace, d'une longueur de 500 mètres environ, où le massif de l'Etoile (ici formé d'Urgonien) vient en contact direct avec le massif d'Allauch (Valenginien horizontal). Après cette interruption, s'ouvre de nouveau entre les deux massifs le triangle de Pichauris.

Le triangle de Pichauris offre une composition beaucoup plus variée, et au premier abord toute différente; ce sont pourtant en réalité les deux mêmes termes que dans le triangle des Cadets, à l'ouest une bande triasique et infraliasique, et à l'est une bande crétacée, en partie au moins formée de calcaires à Hippurites. La bande triasique, au lieu de former un mince cordon, est largement étalée et régulièrement surmontée par le Lias, mais les rapports des deux bandes sont encore les mêmes, c'est-à-dire que là encore le Trias montre la même tendance à recouvrir le Crétacé, avec l'intercalation particulièrement instructive d'une série de terrains intermédiaires amincis et renversés. Il y a donc une véritable *homologie* de structure entre le triangle des Cadets et celui de Pichauris; et, de plus, comme je l'ai déjà indiqué, il y a *continuité absolue* entre le Trias et l'Infralias de Pichauris, et les mêmes terrains suivis sur la bordure orientale. Le triangle de Pichauris *ferme le cercle* des affleurements triasiques et infraliasiques qui font ceinture au massif crétacé.

Je m'occuperai d'abord des affleurements crétacés qui comprennent, avec des développements très inégaux, tous les termes depuis l'Aptien jusqu'au Sénonien. Ces affleurements forment en plan, un promontoire N. S., large de 3 kilomètres à la base, et allant en se rétrécissant vers le nord; ce promontoire s'appuie par sa base élargie contre le massif valenginien, dont il forme évidemment un prolongement, affaissé de quelques centaines de mètres par la faille $x$; il occupe exactement par rapport au massif la même situation que les calcaires hippuritiques des Cadets; le rejet est seulement un peu plus considérable et va en s'augmentant de l'ouest à l'est.

Une coupe nord-sud, suivant l'axe longitudinal de ce promontoire, montre deux parties distinctes: la première au sud, est formée par la série régulière de termes inclinés vers le nord (fig. 13) en bas, le Cénomanien à Caprines (affleurement peu développé); puis une grande masse de calcaires à Rudistes (avec bancs bien lités et plus marneux à la base, ne contenant que de rares moules de Bivalves); enfin, des calcaires gréseux, plus délitables, alternant au sommet avec quelques couches à fossiles blancs (Cardium, Crassatelles, Turritelles), où

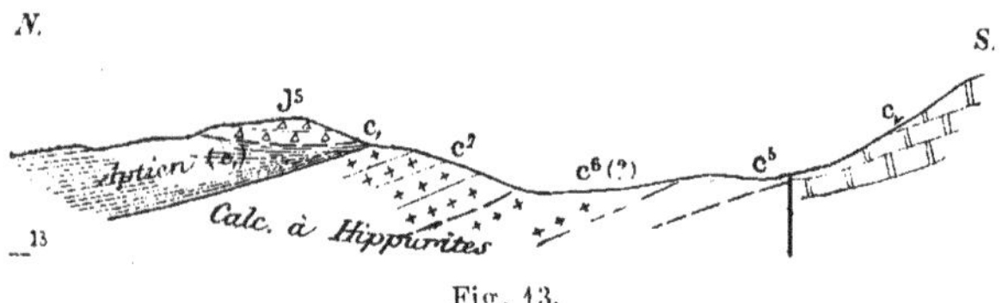


Fig. 13.

M. Collot [1] signale *Ostrea caderensis* et *O. acutirostris*; on y trouve, en outre, les *Lacazina* des Martigues. Dans cette série régulière, d'une puissance de plus de cent mètres, je ne doute pas qu'il n'y ait au-dessous du Sénonien une partie à rapporter au Turonien à *Biradiolites cornupastoris*; mais les fossiles n'en ont pas encore été signalés.

[1] *Loc. cit.*, p. 92.

Cette série est manifestement la continuation de celle qui couronne, au-dessus du puits du Murier, les sommets du massif de Garlaban ; il est à présumer qu'elle repose de la même manière sur les calcaires néocomiens, ici masqués en profondeur.

Cette présomption rend plus extraordinaire la suite de la coupe ; aux couches sénoniennes succède une bande de calcaires marneux et de calcaires à silex, d'une épaisseur variable, ne dépassant pas trente mètres ; ces calcaires représentent l'Aptien ou le Gault, et au sommet de la colline, on les voit passer sous un chapeau concordant de dolomies jurassiques.

Au nord de ce chapeau jurassique que prolongent vers l'est (vers le col de Font-de-Mulle) quelques lambeaux de calcaires blancs, également superposés à l'Aptien, on ne voit plus reparaître les calcaires à Hippurites ; les calcaires siliceux affleurent seuls et prennent un développement considérable, de plusieurs centaines de mètres ; ils forment dans leur ensemble une cuvette allongée, dont l'axe serait dirigé du N. O. au S. E. A la base, près de Pied-de-Veyraud, on trouve des calcaires blancs marneux à Ancylocères et à *Ostrea aquila*, qui reparaissent renversés auprès des Trois-Fonts, où ils passent sous la continuation du chapeau de dolomies jurassiques déjà mentionné ; les calcaires siliceux passent insensiblement à ces calcaires marneux de la base, et en l'absence de fossiles, je n'ai aucun argument à donner ni pour ni contre l'opinion de M. Collot, qui les rapporte au Gault (M. Vasseur y a trouvé un Inocérame). Ils sont, en tout cas, identiques aux calcaires à Orbitolines d'Artussol.

La coupe (fig. 14) résume la composition du promontoire crétacé des Mies ; on voit que les calcaires sénoniens paraissent pincés dans un pli synclinal, qui sem-

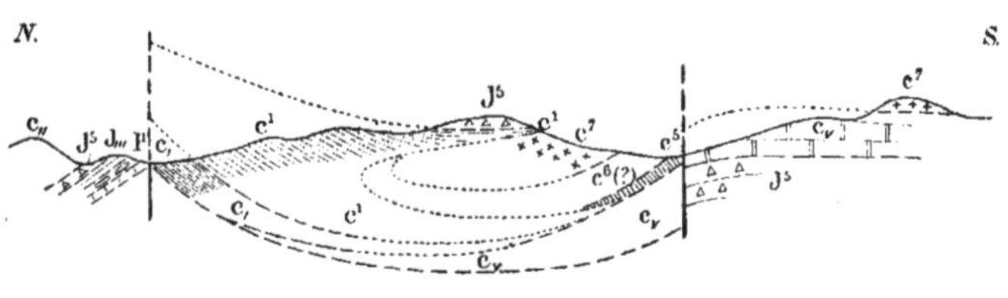


Fig. 14.

ble manifestement se fermer sous les affleurements aptiens, mais sans que rien provisoirement nous permette de préciser la direction de la charnière synclinale.

Le promontoire crétacé des Mies est, sauf du côté de la base qui le rattache au sud au massif d'Allauch, complètement entouré par le Trias et l'Infralias ; dans ces couches anciennes, aucune faille, aucun dérangement, aucune ligne de discontinuité ne prolongent dans aucun sens les lignes qui limitent le Crétacé ; ce Crétacé ne forme donc pas un massif compris entre plusieurs failles qui se croisent, mais un massif limité par une faille courbe unique ; autour de cette faille, les affleurements successifs des différents étages du Lias, dessinent, comme le montre la carte, une série de courbes concentriques, sans indice de rejet ni de discontinuité: les contours s'ordonnent régulièrement comme ils le feraient autour d'un pointement de terrains plus anciens. C'est là un point capital pour l'interprétation de l'ensemble du massif, et on peut le considérer comme établi avec une complète certitude. On peut, sans doute, objecter que, dans un pays boisé, quel que soit le nombre des affleurements, une faille peut toujours échapper à l'observation directe ; mais j'ai suivi avec soin et successivement les limites des différents terrains, celle des couches à *Avicula contorta* et des dolomies infraliasiques, celle de ces dolomies et des calcaires à silex (Lias et Bajocien), et enfin celle des calcaires à silex et des calcaires marneux du Bathonien ; il est inadmissible qu'il existe une faille de quelque importance et qu'elle ne se traduise pas sur la carte par une déviation appréciable de ces contours.

Sans chercher pour le moment à discuter les explications possibles, je dois insister un moment sur l'étrangeté d'un fait aussi exceptionnel : une cuvette aptienne enfouie dans l'Infralias, sans que les couches du terrain encaissant montrent aucun dérangement réflexe sur les bords d'une cuvette aussi profonde, les bords, comme s'ils avaient été taillés à l'emporte-pièce, ne se prolongeant ou ne se déviant par aucune cassure secondaire, et enfin les couches anciennes ne montrant aucune tendance à s'incliner vers l'axe de la cuvette, mais montrant, au contraire, de toutes parts une inclinaison opposée. Mais ce qui semble plus déroutant encore, c'est que la faille qui limite à l'est ou à l'ouest cette cuvette crétacée, se présente des deux côtés avec des caractères complètement différents: à l'est, ainsi que nous l'avons vu, il y a séparation brusque des terrains, comme par une faille verticale ; à l'ouest, la faille est très oblique ; et *le Crétacé est séparé de l'Infralias ou du Trias par une bande de terrains renversés.*

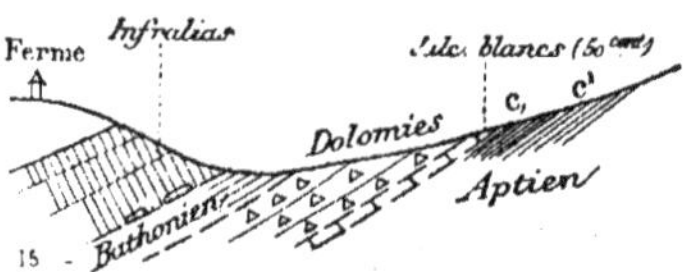


Fig. 15.

Dès qu'en suivant le bord des affleurements aptiens on passe à l'ouest du promontoire, on voit s'intercaler entre les calcaires siliceux (les calcaires marneux de la base cessent précisément en ce point) et les couches infraliasiques, un banc de calcaires blancs, surmonté bientôt par des dolomies (jurassique supérieur). L'ensemble atteint jusqu'à 20 mètres, puis se rétrécit de nouveau vers le haut de la colline où est le P. de Pied-de-Veyraud. Là il n'y a plus que du calcaire blanc, dans lequel j'ai trouvé des silex ; ce qui me porte à croire qu'une partie de ces calcaires blancs pourrait appartenir à l'Urgonien. En tout cas, dans le ravin au-dessous de la première ferme, on trouve une coupe bien nette (fig. 15) montrant sur 15 mètres d'épaisseur des représentants renversés de toute la série jurassique : les calcaires à silex ne sont là visibles qu'en morceaux et ne forment pas même un lit continu. De là vers le sud, la série renversée se continue sans interruption, profondément entamée par le ravin qui suit le pied de la colline 625; les couches sont presque horizontales; les dolomies infraliasiques occupent le petit rebord du plateau, et au-dessous d'elles en descendant on trouve successivement : les calcaires à silex (de 2 à 10 m.), le Bathonien marneux, d'abord froissé et rudimentaire, puis plus développé, avec assez nombreuses Ammonites, vers la naissance du ravin ; enfin, dans le fond affleurent les dolomies du jurassique supérieur, alternant avec des calcaires blancs. Ces dolomies, avec une pente moyenne de 15° environ, s'avancent de près de 2 kilomètres vers l'est ; à la source des Trois-Fonts (vallon aboutissant aux Mies), on les voit très nettement, à gauche et à droite, reposer sur les calcaires marneux à *Ostrea aquila*, et se relier de là sans interruption à celles qui forment chapeau (coupe 14), au-dessus du Sénonien des Mies [1].

En continuant à suivre le bord de la bande crétacée, les termes renversés disparaissent progressivement : sur le chemin des Mies à Pichauris, on trouve encore un peu d'Aptien renversé, puis des dolomies, appartenant en partie au Jurassique supérieur, en partie à l'Infralias : les termes fossilifères (Lias et Bathonien se sont déjà étranglés) ; en s'élevant un peu au sud-ouest, on ne voit plus que les dolomies blanches et bien litées de l'Infralias, et enfin le Sénonien, qui ne forme plus qu'une languette étroite au pied de la falaise valenginienne, butte directement, ou par l'intermédiaire de quelques cargneules, contre les calcaires noirs du Muschelkalk.

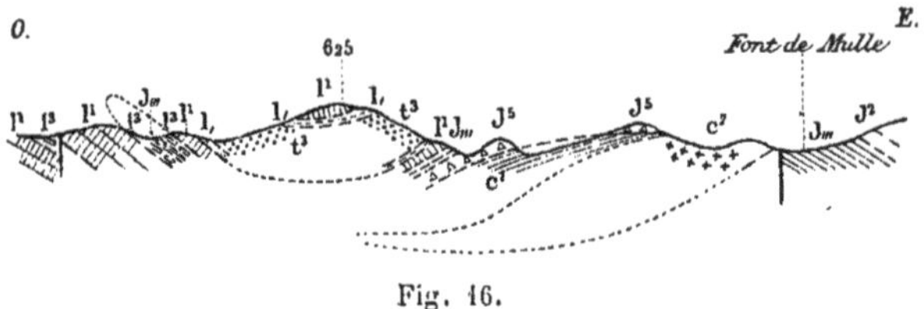


Fig. 16.

La longueur suivant laquelle cette bande étirée et renversée peut s'observer avec une rare netteté, est de plus d'un kilomètre : sur toute cette longueur, elle plonge sous le Trias qui forme la plus grande partie des collines autour de Pichauris.

La plus remarquable de ces collines est la colline cotée 625, qui s'élève en

[1] Il faut noter en ce point l'apparition sur le chemin charretier, au sud des Trois-Fonts, d'un lambeau de Cénomanien (?) à Orbitolines, intercalé entre les dolomies jurassiques et l'Aptien. Ce lambeau n'a guère que 2 mètres de largeur et ne se prolonge pas en direction. Sa position est bien difficile à expliquer ; c'est l'Urgonien ou l'Aptien inférieur qu'on devrait s'attendre à trouver à cette place. Il est vrai que la détermination d'âge n'est fondée que sur le faciès de la roche et sur la présence des Orbitolines : elle pourrait donc être mise en doute.

forme de cône régulier, simulant presque un cône volcanique, et qui forme le point culminant du triangle de Pichauris. Les pentes en sont composées de marnes irisées, et le sommet est couronné par l'Infralias, riche en plaquettes à *Plicatula intusstriata* bien conservées. C'est la base de cette colline si régulière, à couches presque horizontales, qui est formée à l'est par l'Infralias et le Jurassique renversés. Une coupe partant du sommet de cette colline et dirigée vers l'est donne donc la figure ci-jointe (fig. 16). Du côté de l'ouest apparaissent de nouvelles complications : au lieu de trouver là, comme on devait s'y attendre, le Trias plongeant sous la Jurasique, c'est encore, comme à l'est, l'Infralias qui s'enfonce sous les marnes irisées.

La coupe peut surtout bien s'observer le long du chemin de l'Auberge (route de Marseille) à la ferme de Pichauris [1]. Après une première ondulation suivie d'un affleurement de Lias et de Bathonien [2], on trouve une série régulière, inclinée au S.-E. vers la ferme, et montant jusqu'au Bathonien ; puis le Lias et l'Infralias réduits reparaissent avec la même inclinaison, c'est-à-dire en série renversée, et viennent s'enfoncer sous les marnes irisées (fig. 17). La cuvette couchée que

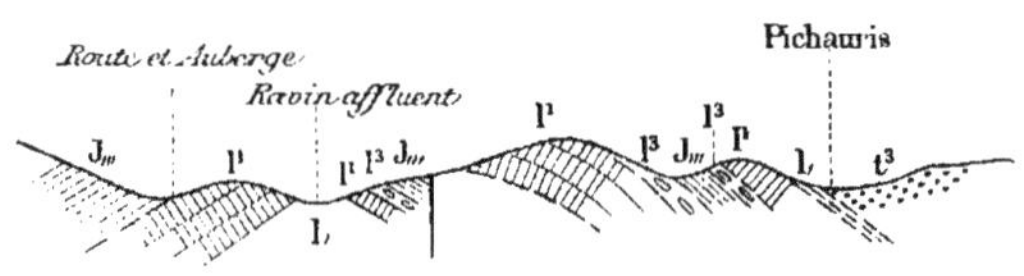


Fig. 17.

forme ainsi le Bathonien se continue sur plus de 2 kilomètres, suivant de près le contour sinueux de l'affleurement triasique, et s'écrasant par places, surtout à ses extrémités, de manière à ne laisser subsister qu'une étroite traînée de marnes à Cancellophycus au milieu des dolomies infraliasiques ; c'est ce que montre la coupe (fig. 18) prise un peu au sud de la verrerie.

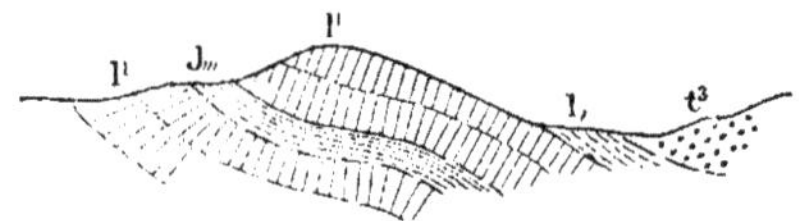


Fig. 18.

[1] Cette coupe a déjà été donnée par M. Fournier (esquisse géologique des environs de Marseille).

[2] L'Infralias à *Avicula contorta* montrait dans le talus du chemin un curieux contournement de couches, sous forme d'une petite cuvette penchée vers l'ouest ; un élargissement du chemin, pour la construction d'un nouveau four à plâtre ne laisse plus voir maintenant à la même place qu'une série en apparence régulière ; c'était donc un accident purement local.

Ainsi la colline 625, composée de marnes irisées, surmontées d'Infralias, repose à l'est comme à l'ouest sur des couches infraliasiques : si ces couches ne se rejoignent pas sous le Trias, hypothèse qui sera à discuter, il faut admettre pour cette colline aux allures si tranquilles une véritable structure en éventail.

L'ensemble de ces plissements complexes me semble limité du côté de l'ouest par une faille importante, difficile il est vrai à suivre sur tout son parcours, mais très nette en beaucoup de points ; c'est à cette faille que je limite (voir la carte) ce que j'ai appelé *le triangle de Pichauris*.

On voit que cette dernière partie de la bordure du massif d'Allauch offre de bien grandes singularités statigraphiques, moins étranges peut-être à première vue que celles des parties précédemment décrites, mais en réalité plus difficiles à expliquer. Ce promontoire crétacé qui forme vers le nord un prolongement affaissé du massif d'Allauch, se trouve de toutes parts entouré par l'Infralias et le Trias : ce n'est pas un système de failles, mais une faille courbe unique qui le circonscrit ; cette faille doit donc être considérée comme l'affleurement d'une même surface de discontinuité, bien qu'elle se présente d'un côté comme une faille d'affaissement, et de l'autre comme une surface oblique de superposition (*Thrust plane*), avec lambeau de poussée. L'allure du Trias n'est pas moins déconcertante : elle peut se résumer dans l'existence de deux plis obliques, couchés dans deux sens opposés, l'un vers l'est, l'autre vers l'ouest, s'arrêtant tous deux rapidement en direction et sans rapports apparents avec les accidents des massifs voisins.

Quelle qu'en soit l'explication, ces faits et les précédents peuvent se résumer dans la formule suivante : *le massif crétacé d'Allauch* (avec ses annexes affaissés des Cadets et des Mies), *est entouré d'une ceinture de couches triasiques et infraliasiques, tantôt largement épanouie, tantôt restreinte à une largeur de quelques mètres*, mais toujours continue, s'écrasant seulement sur une longueur de 2 kilomètres contre une des failles qui borde le massif. Partout, ces couches anciennes, au lieu de plonger sous le massif plus récent, s'inclinent en sens opposé vers l'extérieur ; de trois côtés elles vont s'enfoncer *sous un nouveau bassin crétacé qui entoure le massif en forme de demi-cercle ; du quatrième côté, elles sont accolées à la retombée du pli de l'Etoile, c'est-à-dire à un système complètement différent.*

Tous ces faits, tous les étirements et toutes les superpositions anormales sur lesquelles j'ai suffisamment insisté, s'expliqueraient facilement, si l'on bornait là son examen, par l'existence d'un grand pli anticlinal couché, dont les différentes parties auraient été dénivelées par des failles, et relevées par des compressions ultérieures. Le massif lui-même représenterait une partie relevée du substratum ou flanc inférieur, le Trias périphérique une partie de la nappe de recouvrement. Le rôle d'actions postérieures qu'il faudrait invoquer n'a rien que de très admissible, puisque les couches oligocènes, postérieures au grand mouvement de plissement, sont, elles aussi, fortement ondulées et souvent relevées jusqu'à la verticale. Mais cette hypothèse, que je n'avais pas craint de déclarer d'abord la seule possible, se heurte elle-même à de graves difficultés quand on essaie de faire le raccordement avec les massifs voisins. Il est donc nécessaire, avant d'aller plus plus loin et avant d'aborder la discussion des interprétations possibles de donner quelques détails sur la structure de ces massifs.

## COMPARAISON AVEC LES MASSIFS VOISINS

**I. Massif de l'Etoile. Faille transversale.** — A l'ouest de la région décrite s'étend le massif de l'Etoile. Ainsi que je l'ai déjà dit, *la structure n'en a aucun rapport* avec les diverses complications du massif d'Allauch. La région accidentée à laquelle j'étends ce nom, est formée par la retombée très régulière d'un grand pli anticlinal, renversé sur le bassin crétacé de Fuveau ; je vais d'abord montrer que cette région est séparée de celle qui nous occupe par une grande faille transversale. Cette faille m'a longtemps échappé ; je ne la soupçonnais pas lors de ma première note, et elle ne figure pas non plus sur la carte de M. Collot ; je dois ajouter qu'auprès de Pichauris son contour est encore hypothétique ; je ne suis pas arrivé dans les bois à la suivre d'une manière continue. Je reconnais qu'il y a là un motif sérieux de méfiance : on ne comprend guère qu'une faille d'une pareille importance, puisqu'elle séparerait deux régions de structure tout-à-fait différente, soit aussi difficile à reconnaître, et, une fois reconnue, aussi difficile à suivre. J'espère pourtant que mes dernières observations suffiront à en mettre l'existence hors de doute.

Le sommet du pli anticlinal de l'Etoile correspond à peu près à la crête des collines (Notre-Dame des-Anges) qui dominent le bassin de Fuveau. A Notre-Dame-des-Anges il ne laisse affleurer que les dolomies jurassiques supérieures, sous lesquelles paraît plonger l'Aptien, lui-même renversé sur les couches à Hippurites et sur le Crétacé lacustre. En s'avançant à l'est, le pli s'ouvre et fait apparaître successivement le Bathonien marneux, le Lias et l'Infralias ; en même temps la série des termes renversés s'amincit et finit par disparaître avant d'arriver à la route d'Aix, soit par simple étirement, soit encore, quoique la chose semble peu probable, par suite d'une vraie faille d'affaissement. Il serait séduisant sans doute d'admettre l'existence de cette faille, si on pouvait la relier à celle qui limiterait à l'ouest le Crétacé des Mies et le massif d'Allauch ; mais, ainsi que je l'ai dit, je me suis assuré qu'il n'y a pas trace de dénivellation ni de rejet dans l'intervalle jurassique où se ferait la jonction.

Vers le haut de la montée de la route d'Aix à Marseille, avant d'arriver au Terme, au-dessus du nouveau puits de la mine de Peipin et St-Savournin, on se trouve sur le sommet de l'étage à Cyrènes de Fuveau ; les couches sont bien litées, peu inclinées, sans trace de renversement. L'Infralias, en contact avec ces couches, leur est probablement superposé le long d'une surface oblique de glissement (fig. 10, p. 14) ; il affleure sur le flanc de la colline 377, et sur la route même en arrivant au Terme. Au point culminant de la route, cet Infralias est mis brusquement en contact avec le Bathonien marneux, très froissé, du massif de Peipin, qui se relie comme je l'ai déjà dit, à celui du massif d'Allauch. On est ainsi averti de l'existence d'une faille importante, facile à suivre au Nord, où elle met en contact les couches de Fuveau exploitées à l'ouest, avec des argiles bariolées et des conglomérats calcaires qui sont beaucoup plus élevés dans la série lacustre. Cette faille est d'ailleurs bien connue des exploitants, et décrite sous le nom de *faille Doria* dans l'intéressant travail de M. Villot, inspecteur général des mines [1], qui lui attribue une dénivellation verticale de 350 mètres. A la route, il est vrai, la dénivellation est beaucoup moindre (une centaine de mètres au plus), mais comme la faille pénètre là dans des assises plissées et souvent amincies, il faut s'attendre en tout cas à de grandes variations dans le rejet apparent, d'autant plus que cette faille est peut-être plutôt une faille de décrochement qu'une faille de simple affaissement.

A la descente de Pichauris, en suivant le grand lacet que forme la route, on trouve la retombée normale du Jurassique : Infralias, calcaires à silex (amincis) et Bathonien marneux. Puis, auprès du second tournant, toujours avec le même pendage vers le sud, il y a récurrence des mêmes couches : Infralias (cargneules de la base), Lias exploité en carrière, Bajocien et Bathonien, sur lequel reste la route presque jusqu'à l'auberge. Il est aisé de se convaincre qu'il y a là un nouveau rejet transversal, facile à suivre sur 500 mètres environ à l'ouest de la colline 377 et dans le ravin que longe la route. Il y a amincissement et suppression de couches le long de cette faille : ainsi au dessous du point où la route rejoint le ravin, une pointe de Lias à *Ammonites margaritatus* se trouve isolée entre deux masses de Bathonien marneux. Plus au sud, la faille faisant butter Bathonien contre Bathonien est impossible à suivre ; on la retrouve qui monte vers la Bastidonne, mettant en contact les dolomies infraliasiques et les marnes bathoniennes ; c'est sans doute sa continuation qui ramène près de l'auberge de Pichauris, l'Infralias inférieur presque en contact avec le Bathonien. Au nord, la faille se perd également dès que ses deux lèvres sont formées d'Infralias ; il y aurait à rechercher si elle amène un petit rejet dans la limite du bassin crétacé, et si elle se continue dans les assises lacustres.

Cette faille (faille D[1]), importante à constater comme étant probablement une manifestation secondaire du phénomène plus général qui a produit la faille Doria, est certainement distincte de cette dernière et située plus à l'ouest. Si pourtant, à partir du second coude de la route, on suit vers l'ouest le chemin tracé sur la carte comme se dirigeant vers Pied-de-Veyrand, on ne remarque d'abord aucune trace d'accident, la succession des couches, inclinées vers l'Ouest, semble parfaitement régulière : on reste sur le Bathonien jusqu'au vallon N. S., où l'on rencontre le chemin du Terme à Bastidonne ; de l'autre côté de ce vallon on trouve les calcaires à silex, supportant même encore un lambeau de Bathonien, puis l'Infralias, toujours avec le pendage ouest ou nord-ouest. Mais le sol du vallon est semé de débris de cargneules, et en les suivant vers le nord, on arrive à trouver les plaquettes et les marnes vertes de l'Infralias, en place, com-

[1] Etudes sur le bassin de Fuveau et sur le grand travail à y exécuter, *Ann. des mines*, 8e sér., t. IV, 1883.

prises entre le Lias et le Bathonien (fig. 19). En remontant plus loin vers le Terme, on voit entre cet Infralias et le Bathonien, s'intercaler la bande de calcaires à silex, dont j'ai déjà signalé l'amincissement sur la route. C'est donc bien la faille du Terme qui vient passer là, *mais sa continuation n'est plus marquée que par l'existence d'un liseré d'Infralias entre le Lias et le Bathonien* [1].

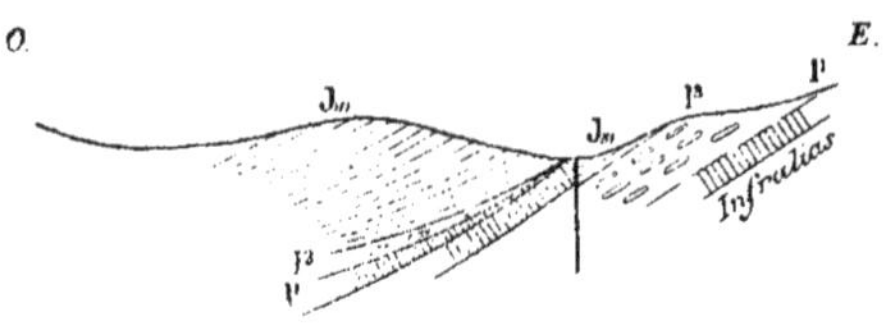


Fig. 19.

On voit même qu'en réalité il y a là deux failles, limitant de part et d'autre la petite bande de cargneules ; en arrivant à Bastidonne, cette bande s'épanouit brusquement en donnant naissance à un petit affleurement de marnes irisées et à une sorte d'oasis de champs cultivés au milieu des bois. A l'ouest de cette zone de culture, la continuation d'une des deux failles est manifeste et sans déviation, elle met en contact l'Infralias successivement avec le Bathonien et le Lias, puis va probablement rencontrer le prolongement de la faille D¹ et ne semble pas se prolonger très loin vers le Sud. Cette première faille n'offre d'ailleurs qu'un intérêt secondaire, parce que c'est l'autre seulement, celle qui limite le liseré infraliasique à l'est, qui doit être considérée comme le prolongement de la faille Doria.

Le prolongement de cette seconde faille ne peut malheureusement s'établir que d'une manière un peu hypothétique ; il est manifeste qu'elle se dévie vers l'est, en interrompant (voir la carte), la bande de dolomies infraliasiques qu'elle limitait de ce côté ; mais ensuite ce sont les plaquettes à *Avicula contorta* ou les cargneules qui la bordent de part et d'autre ; ou, pour mieux dire, sur une centaine de mètres il n'y a plus de faille visible. Mais à l'ouest de la zone de culture, reparaissent les dolomies infraliasiques, bientôt surmontées vers le sud par le Lias et le Bathonien, ce dernier séparé par une faille manifeste du bord infraliasique de l'autre cuvette bathonienne précédemment décrite. C'est cette même faille, bien jalonnée par les affleurements plus récents au milieu de l'Infralias, qui ramène au jour le premier lambeau de Lias et de Bathonien mentionné plus haut dans la coupe de l'Auberge à la ferme de Pichauris.

[1] Je dois ajouter pour être complet que je perds la trace de l'accident au milieu des dolomies de l'Infralias, sur une longueur de quelques centaines de mètres, en face de la sortie au jour du plan incliné des mines de St-Saturnin. Il y a là, soit une déviation locale que je n'ai pas su suivre au milieu des bois, soit la mise en contact momentané de deux terrains semblables d'aspect. Je ne crois pas pourtant que la continuité *effective* de la faille puisse être mise en doute.

On voit donc à quoi se réduit la part d'hypothèse : deux failles très nettes dont la *dénivellation* est en sens inverse, se font face et semblent toutes deux cesser à une centaine de mètres de distance. Je considère ces deux failles comme n'en faisant qu'une seule, dont l'amplitude verticale est réduite à zéro sur une petite partie de son parcours. Ce n'est pas là une simple question de mots, car cette faille, dont je cherche à établir la continuité au moins probable, serait à mes yeux une *faille de décrochement horizontal*, c'est-à-dire une faille dont l'importance est indépendante de la dénivellation apparente et de ses variations.

De l'autre côté du vallon de Pichauris, le tracé précis de la faille n'est pas beaucoup plus facile à arrêter sur le terrain ; mais les contours géologiques la mettent bien en évidence ; toutes les bandes successives de la retombée du pli de l'Etoile, le Bathonien, l'Oxfordien et les dolomies supérieures, viennent s'arrêter obliquement contre une ligne continue de marnes irisées et d'Infralias. Plus loin, dans l'intervalle entre le triangle de Pichauris et celui des Cadets, cette faille se confond un instant, ainsi qu'il résulte des descriptions précédentes, avec celle qui limite la falaise valenginienne ; puis elle se continue manifestement le long de la faille $x$, la suivant parallèlement et séparée d'elle le long du triangle des Cadets par l'étroit liseré de marnes irisées, que j'ai décrit plus haut. Elle continue donc là à séparer le massif crétacé de la retombée du pli de l'Etoile.

Malgré les incertitudes locales dans le tracé de cette faille, les points qui le jalonnent semblent assez nombreux pour mettre sa continuité hors de doute ; cette continuité est d'ailleurs nécessaire pour expliquer la différence complète et l'indépendance absolue des deux massifs en contacts. Il y a là deux compartiments de l'écorce terrestre, qui ont *joué* d'une manière complètement différente ; la faille est le résultat direct et inévitable de cette inégalité dans les déplacements.

Ainsi *le massif de l'Etoile est séparé du massif d'Allauch par une grande faille. Cette faille qui produit des dénivellations de sens et d'amplitude rapidement variables, est une faille de décrochement (blatt) ; elle sépare deux régions plissées, mais dont l'une est plissée simplement (retombée de l'Etoile), tandis que l'autre est signalée par une complication extraordinaire d'accidents secondaires* [1]. Je désignerai dans la suite cette faille sous le nom de faille Doria (faille $o$).

Les forces de refoulement, dépendant de causes générales, ne varient pas su-

[1] Le contour sinueux de la faille qui sépare ainsi les deux massifs, semble, il est vrai, peu favorable à cette interprétation. Peut-être cette sinuosité des affleurements actuels pourrait-elle s'expliquer en invoquant l'action de compressions ultérieures (v. plus loin), qui auraient gauchi irrégulièrement le plan de faille primitif et l'auraient légèrement couché vers le massif d'Allauch et de Pichauris. Il est bon de remarquer que dans cette hypothèse, la disparition momentanée de la bande périphérique de Trias, entre le massif des Cadets et celui de Pichauris, pourrait n'être qu'apparente et *due à l'insuffisance des dénudations*. Si en effet, l'on suppose, dans la figure 12, p. 16 que la faille d'affaissement $xx$ se rapproche de la faille de décrochement (comme cela a lieu en réalité), et qu'elle occupe la position $x'x'$, un petit triangle de Trias pourra se trouver masqué en profondeur entre les deux failles (dont une seulement paraît alors au jour), et sous les affleurements crétacés.

bitement d'un point à un autre ; ce sont les résistances superficielles qui peuvent seules se modifier assez brusquement pour produire des différences aussi profondes dans les déplacements des couches, et la faille Doria, évidemment antérieure à la cessation des efforts de refoulement, doit être en relation avec les causes, quelles qu'elles soient, auxquelles étaient dues ces différences de résistance. Mais il semble évident que cette faille n'a pu arrêter subitement une ondulation aussi énorme que celle du pli de l'Etoile, et que, quelque compliquée et obscurcie qu'elle puisse être par les accidents secondaires, la continuation de ce grand pli longitudinal doit pouvoir se retrouver à l'est de la faille. Le premier problème qui se pose est donc de rechercher où est cette continuation.

A la première inspection de la carte, il paraît évident que cette continuation est à chercher au nord dans le massif de Peipin, également poussé au-dessus de la prolongation du même bassin crétacé.

**II. Massif de Peipin.** — Ce massif est creusé en forme de cuvette, dont le centre est occupé par de l'Urgonien, recouvert par les couches oligocènes discordantes. Le bord méridional est formé par la prolongation ininterrompue de la bordure est du massif d'Allauch, déjà décrite. Il ne reste donc plus à parler que du bord septentrional.

En suivant vers Valdonne la lèvre orientale de la faille du Terme, on rencontre sous le Bathonien des lambeaux d'Infralias et de Lias ; bientôt le Bathonien s'étrangle, laissant le Jurassique supérieur arriver presque au contact de la faille. A ce moment le Crétacé (argiles et poudingues) s'introduit définitivement entre la faille et le massif jurassique, et la limite des deux étages se contourne d'abord vers l'est, puis vers le sud-est. L'Infralias à *Avicula contorta*, assez développé, en forme la base, et est surmonté, au moins à l'ouest, par les dolomies infraliasiques. Mais plus haut, je n'ai trouvé qu'un lambeau de calcaire à silex, sans trace de Bathonien : les dolomies du Jurassique supérieur sont en contact direct avec les dolomies infraliasiques. Un peu avant le point culminant de la route de Peipin, l'Infralias disparaît, et les dolomies supérieures viennent en contact avec le Crétacé (voir la coupe, fig. 20). Cette coupe est des-

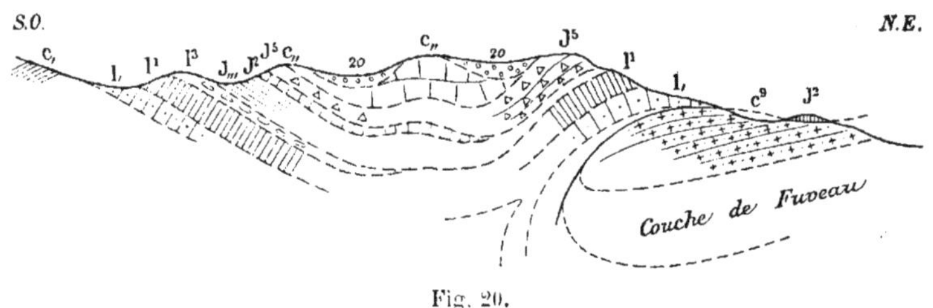


Fig. 20.

tinée à mettre en évidence l'étirement des couches sur les deux bords de la cuvette. C'est le même phénomène, il est bon de le rappeler, que nous avons suivi sur tout le pourtour du massif d'Allauch, et sur les bords de *la même cuvette crétacée.*

La coupe montre de plus l'Infralias chevauchant sur les couches crétacées; c'est la conclusion qui me semble nécessairement résulter de l'existence, en avant du massif, d'une série d'îlots, ou même de gros rochers, isolés au milieu du Crétacé. Quelques-uns sont formés de dolomies jurassiques; un autre de calcaires oxfordiens; un autre, un peu plus à l'est (le long du chemin des Matelots à Peipin) (fig. 21) montre les calcaires sénoniens (calcaires noduleux à Foraminifères),

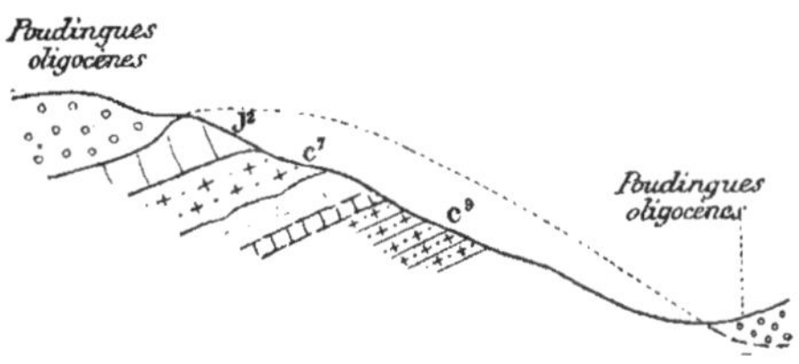


Fig. 21.

plongeant au sud sous l'Oxfordien et superposés aux marnes lacustres [1]. De plus, sur les flancs même du massif, au milieu de l'Infralias, j'ai trouvé un petit îlot de ces poudingues, qui ne peut s'expliquer que par une discordance inadmissible ou par un « trou », un regard ouvert par la dénudation dans une masse superposée. Enfin l'hypothèse qui verrait dans ces rochers épars le résultat d'un gigantesque éboulement, est contredite par leur petit nombre comparé à leurs grandes dimensions, par l'insuffisance de la pente de la colline, et surtout par le fait que l'un d'eux est formé d'Oxfordien, quand l'Oxfordien n'existe pas dans la partie correspondante de la falaise.

D'ailleurs, à l'est de la route de Peipin, à partir du point où le bord du massif se dirige vers le sud-est, l'existence d'un pli couché devient plus manifeste par le rétablissement des termes renversés; ce pli n'est plus ouvert que jusqu'au Bathonien. Le Bathonien commence à se montrer dans une fouille auprès du point culminant de la route; il se retrouve au-dessus des premières maisons de Peipin, où il est encore très froissé, et se continue sur la rive du ruisseau qui descend à la Détrousse. L'Oxfordien au nord plonge sous ces calcaires marneux et repose sur les dolomies, elles-mêmes couchées sur les poudingues crétacés. Il y a même une nouvelle ondulation dans les couches très étirées, avant d'arriver à l'Urgonien du centre de la cuvette : on peut constater en effet un retour des

[1] Une seule objection serait possible, ce serait la confusion possible de ces poudingues avec les couches oligocènes voisines. La confusion est en effet à craindre pour les poudingues siliceux dont je parlerai tout à l'heure, et qui me paraissent exister dans les deux formations; elle ne l'est pas, au moins à mon avis, pour ceux qui entourent les premiers de ces îlots, couches qui ont aussi été marquées en Crétacé par M. Collot (feuille d'Aix).

marnes bathoniennes (avec *Pecten Silenus*) sur le raccourci de la route de Peipin à la Détrousse.

Du côté de l'est, le promontoire jurassique est entouré et comme noyé par des poudingues siliceux, certainement oligocènes. Ces poudingues laissent pourtant apercevoir un fort décrochement de la bande jurassique, qui rejette le Bathonien jusqu'auprès des Mascaras, d'où il revient vers le sud, formant entre deux masses de Jurassique supérieur qui barrent le ravin une bande étroite un peu sinueuse, qui disparaît définitivement à l'est des Pigoulières, un peu au-dessus de la route de la Détrousse. Le pli dans cette partie se redresse, et n'est plus que légèrement renversé.

Ainsi le massif de Peipin est couché sur le même bassin crétacé que le massif de l'Étoile ; les deux lignes de superposition oblique sont presque dans le prolongement l'une de l'autre ; il semble impossible de ne pas rattacher les deux massifs à la formation du même pli couché. Mais l'homologie des deux massifs ne se poursuit pas au-delà de cette similitude de position par rapport au bassin crétacé : tandis que les couches jurassiques forment dans le massif de l'Étoile une retombée régulière étalée sur plus de 4 kilomètres, dans le massif de Peipin elles se creusent brusquement d'une cuvette très accentuée, qui fait apparaître l'Urgonien à près de 5 kilomètres au nord-est de l'affleurement de même âge situé à l'ouest de la faille. Tandis que d'un côté les couches jurassiques sont régulièrement développées, de l'autre elles sont irrégulièrement supprimées ou réduites à une faible épaisseur, et ces phénomènes d'étirement, qui cessent tout d'un coup à l'ouest de la faille Doria se poursuivent au contraire vers l'est et le sud-est, tout le long de la cuvette crétacée qui forme ceinture autour du massif d'Allauch. De plus, si l'on poursuit la comparaison vers le sud, la masse triasique de Pichauris, qui, avec ses accidents complexes, représente au moins un pli anticlinal nouveau, trouverait encore moins de correspondance possible (même hypothétiquement sous le Tertiaire) à l'ouest de la faille Doria. Il faut donc admettre, si réellement le massif de Peipin est la prolongation du pli de l'Étoile, qu'un autre système d'accidents a superposé là ses effets au plissement principal, sans se faire sentir plus à l'ouest. Il faut admettre de plus que c'est à ce second système que sont dues les complications du triangle de Pichauris.

On pourrait être tenté aussi de faire correspondre le pli anticlinal complexe de Pichauris au pli de l'Étoile, c'est-à-dire supposer un rejet vers le sud et non vers le nord. Alors le synclinal sur lequel se renverse ce pli (bassin des Mies) devrait être la continuation de celui sur lequel se déverse la chaîne de l'Étoile, c'est-à-dire du bassin de Fuveau. Or cette hypothèse est absolument contredite par le fait qu'il n'y a pas trace de prolongation synclinale, entre la pointe du promontoire des Mies et celle du bassin lacustre. De plus, lors même qu'une ondulation correspondante se retrouverait dans le Jurassique, on ne s'expliquerait pas que ce fût du côté des Mies, c'est-à-dire dans la partie affaissée, que la dénudation ait été la plus profonde.

Le pli anticlinal de Peipin et de l'Étoile, masqué un instant sous les couches tertiaires, semble reparaître au nord-est (c'est-à-dire après un nouveau rejet ou une nouvelle déviation) à la Bourine : à partir de là, des Boyers à la Mellonne, c'est-à-dire sur 4 kilomètres environ, on trouve de nouveau les dolomies jurassiques poussées sur le Crétacé. Puis le bassin tertiaire de St Zacharie interrompt définitivement toute trace de chevauchement horizontal ; les couches crétacées qu'on suit jusqu'auprès du Moulin-de-Redon, deviennent verticales. Le pli de l'Étoile semble donc se redresser et disparaître, juste au moment où il rencontre la bande triasique, obliquement dirigée, de la vallée de l'Huveaune.

Quoique, comme on vient de le voir, le raccordement immédiat du pli de l'Étoile et du pli de Peipin, ne puisse guère prêter à discussion, la singularité d'un cas évidemment exceptionnel force à examiner toutes les hypothèses : or, il est manifeste qu'auprès d'Allauch, le Valenginien (voir plus haut) dessine une inflexion brusque vers le nord ; les affleurements révèlent une torsion semblable dans les couches triasiques, et on est amené à se demander si ce n'est pas ainsi toute la saillie anticlinale de Valentin et des Acates qui vient s'écraser et s'étirer contre la faille Doria, c'est-à-dire contre la grande faille de décrochement, en se détournant vers le nord-est. La conséquence serait inévitable si l'on pouvait prouver que le Trias ne se prolonge pas vers l'ouest sous le Tertiaire de la Joliette et de Lestaque : tout renseignement à ce sujet fait malheureusement défaut, et on ne peut sortir du domaine des hypothèses. On peut seulement remarquer que vers le sud, en se rapprochant de Marseille, tous les affleurements et les plis secondaires qui accidentent le grand bassin crétacé du Beausset (calanques de Sormiou et de Morgiou) montrent une tendance tres marquee à remonter vers le nord ; cette tendance est égalment indiquée par le contour de la faille du massif de St-Cyr (v. la feuille de Marseille). La torsion observée près d'Allauch serait non pas un fait local et accidentel, mais la manifestation d'un phénomène général, et l'hypothèse proposée en prend plus de probabilité. Elle expliquerait d'ailleurs d'une manière satisfaisante l'écrasement successif des divers étages et l'existence du liseré triasique des Cadets.

Mais dans ce cas, le massif triasique, momentanment dévié vers le nord, doit tôt ou tard reprendre sa direction vers l'ouest, et il est clair qu'une seule masse triasique s'offre comme pouvant en représenter la continuation, c'est celle qui forme souterrainement le noyau du pli de l'Étoile. Ce pli serait donc, dans cette hypothèse, le prolongement du pli des Acates; et comme il continue déjà le pli de Peipin, il serait à la fois le prolongement de deux plis distincts, venant se réunir de l'autre côté de la faille de décrochement. Si étrange que puisse paraître la conséquence, elle vaudra la peine d'être discutée.

L'étude du raccordement des plis du côté de l'ouest, laisse donc subsister de grandes incertitudes, qui tiennent à la dissemblance trop complète des massifs en contact. La discussion qui précède mène pourtant déjà à l'idée d'un plissement superposé au plissement principal et limité à la région située à l'est de la faille du Terme; mais cette idée ne peut prendre corps, que si l'on arrive à faire la part de chacun des deux systèmes, et que si, une fois cette part faite, elle fournit une explication des anomalies signalées. Il reste maintenant à étudier le raccordement des plis du côté de l'est.

**III. Raccord avec le pli de la S^te^-Beaume. Bande triasique de St-Zacharie et chaînons d'Auriol.** — Le massif d'Allauch est, d'après ce qui précède, séparé à l'ouest du pli de l'Etoile par une grande faille transversale. Du côté de l'est, il est séparé du pli de la Ste-Beaume, non plus par une faille unique, mais par une large bande de Trias, également transversale à la direction d'ensemble des plis. J'ai déjà parlé de cette bande dans ma note sur la Ste-Beaume [1], et je l'ai considérée comme continuant l'axe anticlinal de cette chaîne. Quelques nouveaux détails sont nécessaires.

Dans la partie orientale du pli de la Ste-Beaume (massif de Tête-de-Roussargue), la continuation du pli, comme je l'ai expliqué, n'est plus marquée que par la prolongation des masses de recouvrement, ces dernières sont en continuité avec la retombée normale des couches au sud, et par conséquent la charnière anticlinale et le noyau triasique sont masqués en profondeur. Le Trias reparaît dans la vallée de l'Huveaune par suite d'une grande faille qui relève les couches ; à cause des lambeaux jurassiques qui jalonnent cette ligne, je l'avais considérée comme une ligne d'étirement, au sud de laquelle j'admettais en même temps un affaissement considérable du côté de St-Zacharie. Mais il est naturel que la même dénivellation se poursuive tout le long de cette ligne : du ruisseau d'Auriol jusque auprès de la Piguière, sur près de 5 kilomètres, le Trias est directement en contact avec le Crétacé supérieur; l'étirement seul expliquerait mal une lacune aussi considérable et aussi persistante. La conclusion à en tirer est que *le pli de la Ste-Beaume, ainsi que le pli de l'Etoile plus à l'ouest, est interrompue par une grande faille transversale.* Comme direction générale et comme rôle dans la structure du pays, ces deux failles se correspondent exactement : *elles limitent la région où se sont produits les phénomènes exceptionnels décrits dans cette note.*

L'existence de cette faille permet d'expliquer de deux manières la disparition brusque des masses de recouvrement du côté de l'ouest. Leur continuation vers l'ouest peut être arrêtée par la torsion du pli (c'est ce que j'avais d'abord admis), ou elles peuvent avoir disparu par ce qu'elles ont été dénudées dans la partie surélevée. Je m'étais arrêté à la première solution, parce que je ne connaissais pas encore l'affleurement triasique de St-Julien et des Acates, et que l'existence d'un grand anticlinal, masqué sous la plaine tertiaire de Marseille, me semblait peu vraisemblable. Mais en réalité le Trias, qui marque une réapparition au jour du noyau anticlinal de la Ste-Beaume se poursuit à la fois vers l'ouest et vers le nord-est, du côté de Marseille et du côté d'Auriol. Il y a *ou bifurcation du pli, ou interruption du pli par un pli transversal ;* dans les deux cas, on est en présence d'une difficulté, pour l'interprétation de laquelle les exemples connus me semblent de peu de secours.

Ce Trias de la vallée de l'Huveaune forme donc (quoique en partie masqué sous le Tertiaire) une nouvelle zone demi-circulaire autour du massif d'Allauch, enveloppant celles que j'ai décrites précédemment. Il constitue le second bord de la cuvette crétacée, suivie plus haut de Carlavan jusqu'au delà d'Auriol. Les

[1] *Bull. Soc. Géol.*, 3^e^ sér., t. XVI, p. 748.

mêmes irrégularités dans les épaisseurs et les mêmes suppressions de couches se retrouvent d'ailleurs sur ce nouveau bord de la cuvette. A cause du Tertiaire, elles ne sont observables qu'entre Roquevaire et Auriol, et là elles peuvent se résumer dans l'existence d'une faille unique, mettant successivement le Trias en contact avec le Jurassique supérieur, le Néocomien et l'Urgonien. Cette faille est presque parallèle aux bancs, comme l'a montré l'exploitation du gypse près de Roquevaire,et comme le fait d'ailleurs prévoir la sinuosité de ses affleurements. Les mêmes suppressions de couches se constatent, le long du Trias, au N.-E., jusqu'auprès de St-Zacharie ; au sud et au sud-ouest, l'absence de saillies rocheuses au milieu du Tertiaire, semble prouver que les énormes masses calcaires du Jurassique n'existent pas ou sont réduites à l'état rudimentaire.

La faille ou la série de failles qui suppriment ainsi les couches sur les deux flancs, les suppriment aussi bien probablement au fond de la cuvette ; un puits creusé au centre de cette cuvette ne rencontrerait pas une série plus complète que celles qui affleurent sur ses bords.

A la hauteur d'Auriol, la bande triasique cesse d'accompagner la cuvette crétacée vers Peipin, et entre les deux prend naissance le petit système des collines d'Auriol, qui présente un nouvel accident, remarquable par son amplitude et par la faible longueur sur laquelle on l'observe.

Le massif d'Auriol est compris entre la bande triasique de l'Huveaune, et entre les affleurements crétacés des Boyers,au-dessus desquels, comme je l'ai déjà dit, en continuation apparente du pli de Peipin et du pli de l'Etoile, sont poussées les dolomies jurassiques. L'ensemble en fait face, de l'autre côté du vallon de la Détrousse et de la ligne du chemin de fer, à la cuvette urgonienne de Peipin ; l'interruption amenée par ce vallon (rempli de sédiments tertiaires), se poursuit par les affleurements quaternaires de la gare d'Auriol, et de l'autre côté de l'Huveaune, par la dépression de Joux, occupé en partie par l'Oligocène et en partie par le Trias (voir la carte). Si courte que soit cette interruption, le raccordement des accidents de part et d'autre n'est pas sans difficultés.

A l'ouest,une première dépression se creuse dans les dolomies jurassiques à la hauteur de St-Vincent, et fait apparaître l'Urgonien avec Réquiénies ; autour de cet Urgonien, s'observent au sud les marnes néocomiennes, que je n'ai pas retrouvées à l'ouest, et dont la place à l'est serait marquée par un petit vallonnement de terres cultivées. Cette dépression semble un phénomène très local ; la continuation et la fin s'en trouveraient sur le chemin d'Auriol (le Martinet) à Joux (calcaires blancs enclavant un lambeau tertiaire).

Après cette dépression urgonienne, reparaissent les calcaires blancs jurassiques, exploités et très développés sur la route nationale, et suivis d'une nouvelle bande néocomienne, qui se poursuit jusqu'à Roquevaire (*Terebratula carterionana* au-dessus de la station et près de l'Eglise), et qui plonge sous le massif urgonien de Pierrascas. Ce Néocomien descend jusqu'à la gare d'Auriol,compris (par failles, à ce qu'il semble) entre deux petites falaises de calcaires blancs, dont la torsion est manifeste. Le second affleurement jurassique est très limité et on trouve de nouveau au nord les marnes néocomiennes, plongeant sous des calcaires blancs, qui sont en continuité de gisement avec l'Urgonien de Peipin.

Le petit lambeau jurassique qui apparaît en ce point entre deux affleurements néocomiens se continue à l'ouest par celui, qui, près des Hermites, pointe au milieu du Tertiaire et sépare deux masses urgoniennes ; tous deux jalonnent la prolongation de la grande faille qui, depuis Allauch, limite la falaise valenginienne, et abaisse par rapport à elle les Hippurites des Mies. Cette faille ne semble pas d'ailleurs se poursuivre plus à l'est.

Au-delà de la gare d'Auriol, on ne voit plus, à l'ouest de la route nationale, que des poudingues tertiaires, mais ce que j'ai dit du massif de Peipin permet de conclure qu'à l'Urgonien de Peipin succède un pli anticlinal, creusé d'une nouvelle dépression secondaire.

Sur l'autre rive du vallon, c'est-à-dire à l'est, l'anse tertiaire de la Bourine correspondrait à cette dépression secondaire; un peu plus vers le sud, le bassin tertiaire de la Détrousse forme une cuvette étroite et irrégulière entre deux séries de coteaux jurassiques; les lambeaux néocomiens (à *Ter. carteroniana*) observables sur son bord sud, montrent que cette cuvette correspond bien à un pli synclinal, qui est situé en face de celui de Peipin. Enfin un troisième accident, de beaucoup le plus important et le plus remarquable, succède aux précédents et prend naissance auprès de la gare. C'est le *pli-faille de Ste-Croix*. Pour correspondre à ce pli de l'autre côté de la voie, il ne reste donc plus dans l'énumération précédente que la petite bande néocomienne, qui descend vers la gare entre deux murailles de calcaire blanc.

On est amené ainsi à voir dans le pli de Ste-Croix une continuation de la cuvette crétacée de Roquevaire ; et comme le bassin de Peipin est une prolongation encore plus évidente de cette même cuvette, il en résulte qu'elle se diviserait là en deux branches, dont l'une se dirige vers l'est, et l'autre vers l'ouest. La branche principale (qui se trouve être la moins apparente) est évidemment celle qui est en corrélation de direction avec les accidents voisins, et par conséquent le bassin de Peipin n'est qu'un élargissement de la cuvette ou qu'une déviation locale de ses bords. Comme parmi les directions reconnues, c'était une des plus aberrantes, la conclusion est utile à noter.

Revenons au pli-faille de Ste-Croix. De la gare d'Auriol jusqu'à Auriol, il met en contact la retombée incomplète de la bande triasique du sud (Oxfordien, dolomies et calcaires blancs), avec une nouvelle série jurassique inclinée dans le même sens. Une petite bande de Néocomien le jalonne sur presque tout ce parcours.

Ce Néocomien partant de la gare, va rejoindre la route d'Auriol, qu'il suit jusqu'au-delà de la bifurcation de Joux. Il est adossé par faille évidente aux dolomies jurassiques qui forment en majeure partie la colline de la Détrousse ; les coteaux que traverse la route de Joux et celui qui surmonte la gare sont seuls formés de calcaires blancs, où je n'ai pas trouvé de Requiénies et qui sont probablement jurassiques. Les couches néocomiennes sont très écrasées et très froissées; la vue suivante (fig. 32), prise du haut de la route de Joux en regardant la grande carrière située au nord de la route, près de la bifurcation, montre que le Néocomien forme un pli synclinal très aigu, avec une sorte de digitation du fond de la cuvette, qui fait descendre deux fois le Néocomien jusqu'à la route. Ce pli synclinal est comme écrasé contre le Jurassique horizontal. La faille se poursuit avec un contour un peu sinueux le long de la colline. Dans le fond de la cuvette qu'elle longe, des argiles rouges apparaissent avant les premières maisons d'Auriol. Au-dessus de ces premières maisons (chemin des Boyers), le Néocomien a disparu et la prolongation de la cuvette n'est plus marquée que par deux mètres de poudingues tombés verticalement entre les dolomies jurassiques. Près de la mairie, ces poudingues s'étalent un peu et forment une traînée triangulaire sous la colline de Ste-Croix ; un autre lambeau en reparaît sur le chemin de la Bardeline et paraît se relier aux argiles rouges exploitées de l'autre côté de la colline.

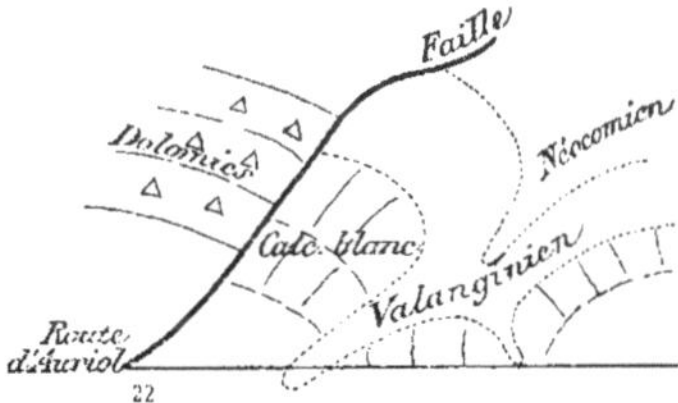


Fig. 22.

Au-dessus de la Bourdeline, dans le vallon qui remonte vers Sainte-Croix, on rencontre une coupe inattendue, qui m'a été signalée par M. Collot : des argiles rouges se reliant aux poudingues signalés plus haut, entrent profondément dans ce vallon où elles sont exploitées ; l'affleurement de la faille, au lieu de se continuer à l'est, se contourne et accompagne les argiles. Partout l'exploitation des argiles se continue sous le Jurassique qui les borde, et elle passe sous des îlots isolés au milieu des argiles. La coupe prise de l'est à l'ouest un peu audessous de la chapelle est donnée, figure 23. Une centaine de mètres plus au nord, le Tertiaire de l'ouest (bassin de la Détrousse), nettement discordant, et sans

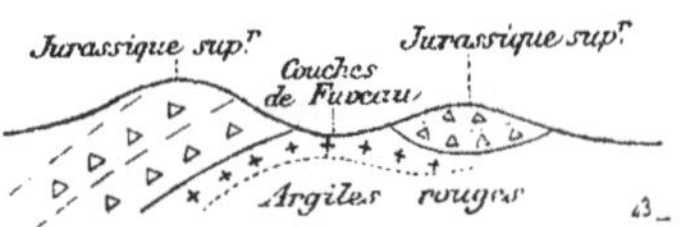


Fig. 23.

analogie de composition avec les argiles, empiète sur la retombée des couches de Sainte-Croix, et la coupe devient celle de la figure 24.

Ainsi, le Jurassique a été poussé au-dessus de ces argiles, presque horizontalement ; la faille, verticale jusqu'à Auriol, s'est couchée en se contournant, d'abord vers l'est, puis vers le sud, et elle met en contact avec les argiles des calcaires *non renversés*, dont l'âge varie de l'Oxfordien supérieur (Sainte-Croix) au Néocomien. Un peu plus loin à l'est, la faille et les argiles vont disparaître sous les affleurements tertiaires du bassin de Saint-Zacharie.

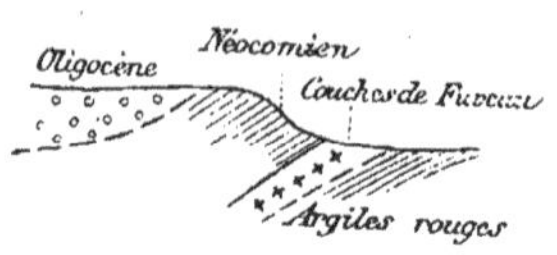


Fig. 24.

Cette dernière remarque tranche à mes yeux la question de l'âge de ces argiles. Elles sont intéressées par la faille qui, deux kilomètres plus loin, n'affecte pas la série oligocène ; elles sont donc distinctes de cette série et plus anciennes. D'ailleurs, au contact de la faille les exploitations entament des argiles bariolées, dans lesquelles un lit noirâtre contient, avec des Mélanies écrasées, les Cyrènes de Fuveau indiscutables. M. Collot m'écrit qu'il a fait la même constatation, mais elle ne prouverait pour lui que l'âge du banc fossilifère et non celui des bancs sousjacents. Rien n'autorise à mes yeux une séparation dans l'ensemble des argiles, et l'argument stratigraphique est ici trop immédiat pour ne pas trancher la question.

La présence en ce point des argiles de Fuveau est intéressante à rapprocher de l'*absence complète des calcaires à Hippurites*. Ces calcaires existent tout à l'entour, à quelques kilomètres à peine de distance ; on ne peut donc guère supposer qu'ils ne se soient pas déposés à Auriol et à Sainte-Croix, dans une petite région qui aurait formé une île émergée dans la mer crétacée. Surtout après les exemples précédents, il faut admettre que la faille, qui ne les fait apparaître nulle part sur son parcours, et fait partout apparaître des termes plus récents, les a supprimés par étirement ; on se trouve donc en face d'un pli à parcours très limité, qui amène pourtant des chevauchements et des suppressions de couches aussi importantes que celles des plus grands plis. Le fait est d'autant plus remarquable, que le transport aurait eu lieu ici *vers le sud*, et non plus vers le nord, comme dans les plis voisins, et notamment dans celui des Boyers, qui est seulement à deux kilomètres [1].

Je viens de dire que le pli-faille d'Auriol allait disparaître sous le bassin tertiaire de Saint-Zacharie. Il en est de même de toutes les ondulations précédemment mentionnées. Le bassin crétacé, sur lequel s'est couché le pli de Boyers, se continue encore un peu plus à l'est sous forme d'une bande de calcaires à Hippurites et de grès grossiers, qui accompagne jusqu'à sa pointe la plus méridionale le versant de la montagne de Regaignas ; mais ces couches se rappro-

[1] V. plus loin l'hypothèse, malheureusement dénuée jusqu'ici d'appuis solides, qui consisterait à faire se rejoindre le Crétacé des Boyers et les argiles de Sainte-Croix par dessous les collines d'Auriol, et à considérer ces collines comme une *masse de recouvrement*.

chent de plus en plus de la verticale, et, vers leur extrémité, un petit pointement de dolomies jurassiques qui apparaît au sud à leur contact, montre que le pli synclinal non seulement se redresse, mais aussi se resserre, et tend par conséquent à diminuer d'importance. Sa continuation correspondrait sans doute à la pointe nord-est du bassin tertiaire.

Il y a dans ce bassin, jusqu'au moulin de Redon, une série de pointements jurassiques qu'il est bon de mentionner à côté de celui dont je viens de parler. Le plus méridional, au moulin de Redon, au milieu des alluvions anciennes de l'Huveaune, est formé de calcaires oxfordiens et paraît appartenir à la retombée directe de l'anticlinal triasique. Les autres m'ont paru trop disséminés pour que je puisse émettre une opinion sur leur rattachement à l'une ou à l'autre des lignes d'accidents précédemment décrits. Mais, en tout cas, aucun d'eux, par la direction des bancs, ne peut venir à l'appui de l'hypothèse d'une torsion qui permettrait, par exemple, de rattacher le pli d'Auriol à celui des Boyers, ou celui des Boyers à la bande triasique de l'Huveaune. A la suite de mes études sur la Sainte-Beaume [1], j'avais indiqué cette possibilité d'une nouvelle déviation qui, sous le bassin tertiaire de Saint-Zacharie, ramènerait le pli vers l'ouest à sa direction première. Je dois déclarer que, malgré des recherches répétées, aucun fait d'observation n'est venu à l'appui de cette supposition.

L'étude du massif calcaire que traverse la route de Saint-Maximin, et qui topographiquement relie les montagnes de l'Olympe à celle de la Lare (ou du Deffend), semble d'ailleurs montrer que l'anticlinal triasique de Saint-Zacharie se continue vers l'est, sous forme, il est vrai, d'un dôme beaucoup plus surbaissé, et qu'il va rejoindre, en s'accentuant là de nouveau et en s'ouvrant plus largement, la grande bande triasique de Rougiers et de Saint-Maximin.

Sans doute, il y a là une sorte de barre transversale qui se dresse brusquement comme si elle avait fait obstacle à la propagation des plis. La falaise jurassique (Oxfordien) qui, au sud-est de Saint-Zacharie, termine la bande triasique, est particulièrement frappante à ce point de vue. Les calcaires oxfordiens couronnent à peu près horizontalement une pente cultivée, où les terrains au lieu de se succéder régulièrement, se pressent en plis obliques à la falaise, continuant les ondulations du Trias. Mais, quelle que soit la cause de cet arrêt brusque, la bande crétacée qui borde au sud le Trias se continue jusqu'à Vrognon [2], avec une légère interruption, où affleure le calcaire blanc, substratum immédiat du Crétacé ; les Hippurites se retrouvent même un peu plus loin au nord-est, au haut du col qui ramène à la route de Saint-Maximin. Ce synclinal se continue donc vers le nord-est, et l'Oxfordien (avec un peu de Bathonien) qui le limite d'abord au nord, dessine parallèlement une crête anticlinale qui, bien que peu accentuée, continue la ligne des affleurements triasiques. Il est vrai que la bande triasique, très ondulée, est formée au moins de deux anticlinaux, dont un au moins s'arrêterait brusquement. Il est vrai aussi

[1] *Loc. cit.* 776.

[2] Collot, *Bull. Soc. Géol.* 3e série, t. XVIII, p. 93.

que la coupe N. S. (fig. 25) de Vrognon à l'oratoire Saint-Jean, ne permet qu'un raccordement bien hypothétique avec les collines d'Auriol ; elle montre combien les plis sont réduits, comme nombre et comme importance. Mais ces plis affaiblis ne s'en poursuivent pas moins, sans déviation notable, vers le nord-est. Toute idée de torsion en ce point doit donc être écartée.

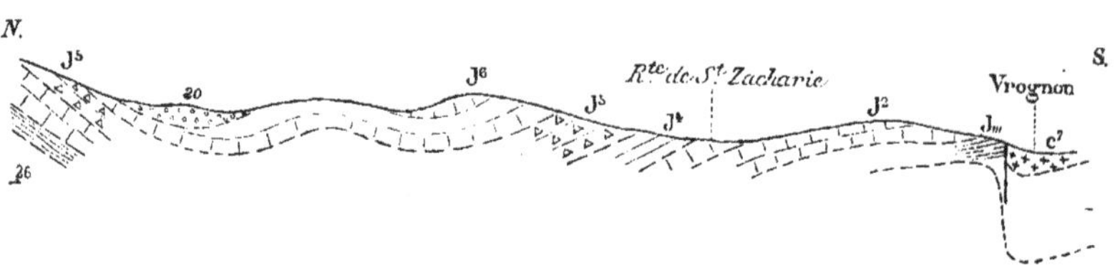


Fig. 25.

Nous nous sommes ainsi beaucoup éloignés du massif d'Allauch ; mais la conséquence à laquelle nous sommes amenés intéresse directement l'interprétation des anomalies de ce massif. Si la bande triasique de Roquevaire et de Saint-Zacharie ne fait pas retour vers l'ouest, il devient bien difficile d'y voir la continuation déviée du pli de la Sainte-Baume. Il faut alors, comme je l'ai dit, qu'elle corresponde à *un pli transversal*. De plus, cette bande se trouve reliée à celle de Saint-Maximin et de Barjols, qui coupe transversalement et interrompt les plis est-ouest du Val, de Salernes et d'Esparron ; on arrive ainsi à ce résultat important, et pour l'explication du massif d'Allauch, et pour la géologie générale de la Provence : *il existe, d'Aubagne à Saint-Zacharie, à Saint-Maximin et à Barjols, une large bande d'ondulations transversales, dirigées du sud-ouest au nord-est, et coupant obliquement les plis principaux de la région.*

Il est bien remarquable que cette bande d'ondulations transversales soit aussi celle des affleurements oligocènes. Y a-t-il là une simple coïncidence, ou, ce qui est plus probable, une relation de cause à effet? Il semble bien certain, en tout cas, que les plissements plus récents qui ont affecté les terrains tertiaires ne se sont pas fait sentir sur le reste de la région avec une égale importance, qu'ils ont, par conséquent, localisé leur action le long de cette bande transversale. Il y a là toute une série de problèmes, qui appellent de nouvelles études et de nouvelles discussions, et qui se rattachent, je crois, à des questions d'un intérêt très général. Je me contente pour le moment d'indiquer et de retenir l'existence de cette *ondulation transversale*, qui seule permet d'expliquer dans le principe, sinon dans tous les détails, la différence profonde entre les massifs voisins de l'Étoile et d'Allauch.

Comme je me suis vu forcé, dans cette note, de toucher à bien des questions et d'étendre mes descriptions bien au-delà du massif d'Allauch, il est bon maintenant de rappeler et de résumer les principales difficultés statigraphiques sur lesquelles j'ai voulu appeler l'attention.

1° Dans le massif d'Allauch, on trouve un grand affleurement crétacé entouré de toutes parts par le Trias ou l'Infralias, avec tendance ordinaire de ces terrains à recouvrir le Crétacé, comme si l'on avait affaire à un pli anticlinal circulaire complètement fermé.

2° Dans le point où cette ceinture triasique s'élargit (Pichauris), elle se creuse d'un pli synclinal secondaire, très limité en direction et couché en sens inverse du précédent.

3° La ceinture triasique est elle-même entourée, en forme de demi-cercle, d'une cuvette crétacée, sur les flancs de laquelle toutes les couches sont très fortement et très irrégulièrement étirées.

4° Ces accidents n'ont aucune prolongation ni aucun écho dans la région voisine des grands plis est-ouest, qu'ils séparent et dont ils interrompent la continuité. Ils paraissent, au contraire, en relation de direction avec la bande triasique transversale de la vallée de l'Huveaune. Au nord de cette bande, en dehors du massif d'Allauch, on retrouve encore un pli (pli-faille de Sainte-Croix), qui, sur une très courte longueur, se couche en sens inverse des plis voisins.

## DISCUSSION ET INTERPRÉTATION DES FAITS OBSERVÉS.

La première difficulté est celle dont l'explication pourrait donner la clef de toutes les autres, c'est elle surtout que je vais essayer de discuter.

Comme je l'ai déjà dit, on peut supposer qu'il y a là une sorte de cylindre crétacé réellement enfoui au milieu du Trias, ou bien que la ceinture triasique est le reste d'une nappe continue qui aurait recouvert le massif.

Occupons-nous d'abord de la première hypothèse : les affleurements crétacés marqueraient alors la place des parties plus profondément enfoncées, et les affleurements triasiques celle des parties amenées en saillie ; le massif d'Allauch serait, non pas un massif surélevé, mais un massif affaissé. La ligne sinueuse qui entoure les affleurements crétacés représenterait les bords de la cuvette affaissée.

Une objection se présente immédiatement : c'est la profondeur énorme de l'enfouissement ; elle est surtout frappante pour le promontoire des Mies ; l'Aptien, ou même les calcaires à Hippurites, sont venus là au contact de l'Infralias ; en donnant aux étages leur épaisseur normale, c'est une descente de près de 1,000 mètres, qui se serait opérée tout d'une masse, comme à l'emporte-pièces, sans qu'aucun contre-coup du mouvement se soit fait sentir dans les terrains encaissants. C'est une hauteur de chute bien invraisemblable, surtout quand on la compare à la largeur de la bande ainsi descendue. On pourrait, il est vrai, admettre que les étages, au moment où se serait produit le phénomène, n'avaient pas sur ce point leur épaisseur normale, ou, en d'autres termes, que la place de la cuvette d'affaissement avait été préparée par des étirements et des amincissements exceptionnels des terrains intermédiaires. Mais l'objection la plus sérieuse que j'ai déjà indiquée dans la description du promontoire des Mies, est que la ligne qui circonscrit ce promontoire ne peut être considérée comme une faille d'affaissement que d'un seul côté, du côté de l'est. De l'autre côté, c'est l'affleurement d'une surface oblique de superposition, parallèle aux bancs, c'est la trace d'un phénomène de poussée horizontale, et non pas de descente verticale.

Sans doute, on peut concevoir la possibilité d'une poussée au vide, qui ait fait surplomber et même chevaucher les terrains du bord sur la partie affaissée; mais il est manifeste que ces chevauchements irréguliers ne pourraient en aucun cas expliquer la situation des Marnes irisées horizontales de la colline 625, *au-dessus* du Jurassique étiré et renversé ; il est manifeste également que cette combinaison de mouvements complexes n'aurait pu amener le parallélisme constant et général des assises dans la masse affaissée et dans la masse plus ancienne qui l'a recouverte ; entre ces deux parties soumises à des déplacements indépendants, il y aurait une séparation brusque et non pas un passage ménagé par l'intercalation de terrains intermédiaires. Enfin, il faut se souvenir que le promontoire des Mies n'est séparé du massif d'Allauch que par une faille postérieure, qui affecte également les terrains crétacés et leur bordure, dont il faut, par conséquent, faire abstraction dans l'examen de ces phénomènes. Il faut donc réunir dans une étude et dans une explication commune le promontoire des Mies et le reste du massif auquel il se rattache. Or, la superposition du Trias au Crétacé, et le parallélisme des assises mises en contact se retrouve, comme je l'ai dit, le long du triangle des Cadets, et sur toute la bordure méridionale, entre Allauch et Font-de-Mai ; dans cette dernière partie il y a de nouveau interposition de couches renversées. C'est un phénomène général, comme je me suis longuement appliqué à le démontrer dans la première partie de ce mémoire ; et plus le phénomène s'étend loin en restant toujours semblable à lui-même, moins il est admissible qu'on l'explique par la combinaison accidentelle de mouvements indépendants.

Il est inutile d'insister davantage : *un massif limité sur les deux tiers de ses bords par une faille oblique de chevauchement, ne peut être considéré comme un massif affaissé, sous l'action de la pesanteur, comme un simple bassin d'affaissement.*

Ce serait donc seulement comme un *bassin synclinal* qu'on pourrait considérer le massif d'Allauch. Cela revient à dire que, si le massif représente réellement une partie plus profondément enfoncée que celles qui l'entourent, cet enfoncement serait dû, non pas à l'action de la pesanteur, mais à des actions de compression latérale.

L'objection à cette nouvelle hypothèse, c'est que ce bassin synclinal, presque aussi large que long, et par conséquent d'une forme assez inusitée, serait étroitement et brusquement limité dans le sens de sa longueur. Au-delà du promontoire des Mies, ce synclinal, si fortement accusé dans les terrains crétacés, ne se prolongerait même pas par une légère ondulation dans les terrains jurassiques. Quoique ce fait seul me porte à rejeter la solution, elle mérite pourtant d'être discutée plus en détail.

En effet, si l'on jette les yeux sur les croquis schématiques (fig. 3 et 4, pl. 2) qui résument les descriptions précédentes et font ressortir la position des lignes synclinales et anticlinales successives, on ne peut nier qu'une coordination très apparente ne préside à l'arrangement de ces accidents : la ligne de l'Huveaune joue le rôle de directrice générale, que suit fidèlement le Trias. Une première bande crétacée la suit parallèlement, en accentuant seulement (bassin de Peipin) l'inflexion d'Auriol. Un second synclinal, celui de Pichauris, dessine contre le massif de l'Étoile une autre courbe, plus courte et plus aplatie, mais encore parallèle aux précédentes. Et enfin, entre ces deux dernières, le massif crétacé d'Allauch forme une bande beaucoup plus large, mais qui s'emboîte concentriquement dans celle de Peipin et de Roquevaire. Cet emboîtement régulier est évidemment très favorable à l'idée de voir dans ces bandes des synclinaux produits par une même action d'ensemble ; cette action d'ensemble, dont la direction générale serait nettement oblique aux grands plis de la région, serait l'*ondulation transversale*, dont j'ai parlé plus haut, en terminant la description du massif d'Auriol ; elle se serait superposée à celle des grands déplacements horizontaux, qui seraient plus anciens ; *elle se serait exercée sur des terrains déjà plissés*.

Or, une particularité frappante dans les accidents qui se rattacheraient à cette action postérieure, à cette ondulation transversale, serait précisément la soudaineté et la brusquerie avec laquelle ces accidents prennent naissance ou prennent fin. Ainsi près du château de Carlavan, un peu à l'est d'Allauch, on voit tout d'un coup apparaître la première cuvette crétacée, celle qui va accompagner la bande triasique jusqu'au-delà d'Auriol ; la coupe d'Allauch n'en montrait pas l'amorce ; elle se creuse dans le Trias sans préparation visible. A son autre extrémité, du côté du bassin tertiaire de St-Zacharie, elle semble s'arrêter aussi brusquement. Sur son parcours, à Ste-Croix, des chevauchements importants se produisent, auprès même du point où elle se termine, et ne se prolongent guère sur plus d'un kilomètre. Le synclinal de Pichauris, bien que ce soit un synclinal renversé, témoignant par suite de poussées importantes, cesse rapidement, de part et d'autre, contre la faille Doria (faille de décrochement), sans qu'on trouve nulle part une trace de sa continuation, même atténuée [1]. C'est ce caractère, si remarquable et si spécial qui serait encore exagéré dans la cuvette d'Allauch, arrêtée plus brusquement encore au nord des Mies, comme le serait une cuvette d'affaissement. Cette cuvette, faiblement allongée en forme de croissant, se serait produite sous la même influence que les plis synclinaux voisins, dont elle épouse la direction.

L'hypothèse, contestable dans tous les cas, ne peut évidemment se soutenir que si, au point où la cuvette cesse brusquement, l'enfouissement est relativement faible. Il faudrait donc admettre qu'au moment où s'est accentuée cette cuvette synclinale, l'Aptien reposait déjà directement sur l'Infralias, ou n'était séparé de lui que par une faible épaisseur de couches intermédiaires. La conséquence s'appliquerait alors à tout le massif d'Allauch, *sous lequel on ne devrait*

[1] Il est vrai que le synclinal de Pichauris pourrait ne pas être un synclinal distinct, mais seulement un affleurement de la charnière synclinale du pli d'Allauch (voir plus loin). Une objection semblable pourrait s'appliquer à l'exemple de la faille de Ste-Croix.

*retrouver en aucun point la série complète des assises jurassiques* : autrement dit une grande faille de glissement horizontal, ou une série de failles analogues, aurait, sur l'emplacement actuel du massif, supprimé une partie des assises, et préparé ainsi sa structure actuelle. Ce serait le même phénomène dont on retrouverait la continuation sous la cuvette crétacée de Carlavan, de Roquevaire et de Peipin, et qui expliquerait, au moins en partie, les lacunes précédemment décrites.

Ainsi, *une grande faille ou une série de glissements horizontaux préexistant sur l'emplacement du massif d'Allauch*, telle est la condition nécessaire pour pouvoir admettre la possibilité de l'hypothèse actuellement discutée. Or, à l'ouest de cet emplacement se développe le pli couché de l'Étoile; à l'est, le pli couché de la Ste-Beaume ; tous deux donnent la preuve de déplacements horizontaux importants, qui, pour la Ste-Beaume, atteignent 6 et 8 kilomètres. Ces glissements horizontaux ne seraient donc que la conséquence d'une action générale bien constatée dans la région, de la formation des grands plis couchés. Sans doute on est surtout habitué à voir ces glissements se produire dans le flanc renversé des plis, ou dans leur flanc supérieur, c'est-à-dire dans les masses de recouvrement; mais il n'y a aucune raison pour qu'il ne s'en produise pas d'analogues dans le flanc inférieur ou normal (moins souvent observable dans son ensemble), et ce serait précisément le cas dans la région d'Allauch. Dans la partie comprise entre le pli de l'Étoile et le pli de la Ste-Beaume, entre les deux failles qui semblent les interrompre brusquement (faille Doria et faille de la Piguière et des Lagets), les dénudations auraient enlevé toute trace du flanc supérieur du pli et des terrains de recouvrement, en laissant apparaître par contre les irrégularités du substratum. Plus tard, ce serait dans cette partie *surélevée* que se serait en quelque sorte localisée la résultante des actions postérieures, et deux causes viendraient ainsi concourir à la complication des apparences actuelles : la superposition de deux séries distinctes d'accidents, et les conditions spéciales créées à la formation des plis plus récents par l'inégalité des résistances.

L'explication, ainsi complétée, devient à la rigueur admissible, mais il importe bien de préciser ce qu'elle suppose ; *la continuation entre la Ste-Beaume et l'Étoile des phénomènes de déplacements horizontaux*, et par conséquent la liaison primitive des deux plis. La dénudation rend impossible tout essai sérieux de reconstitution de la partie intermédiaire ; on peut seulement remarquer que ces déplacements horizontaux se seraient, dans cette partie intermédiaire, étendus sur une largeur de plus de 8 kilomètres, et y auraient amené des suppressions de couches de près d'un millier de mètres.

Avant de passer à l'examen de la seconde solution, qui comporte aussi de sérieuses difficultés, j'indiquerai les deux objections qui m'empêchent d'adopter celle que je viens de développer : la première de ces objections, dont je n'ai pas encore parlé, est relative à la petite bande étroite de Trias que borde sur 3 kilomètres, comme un liseré, le triangle des Cadets. Sans doute l'apparition du Trias s'explique là comme sur le reste du pourtour ; mais l'étroitesse et la continuité de cette bande, qui lui donnent un caractère si étrange, ne se motivent par aucune raison spéciale ; il faut y voir un simple effet du hasard, qui pour n'être pas impossible, n'est pas moins invraisemblable. La seconde objection est la plus grave ; c'est celle que j'ai indiquée en débutant : il faut, si le massif d'Allauch est un pli synclinal, que ce pli s'arrête d'un coup vers le nord, sans trace aucune de continuation, comme s'il affectait le Crétacé sans affecter le Jurassique.

Quoique, au point de vue des conséquences générales, l'hésitation entre deux solutions diminue singulièrement la portée de chacune d'elles, j'ai cru devoir, dans un sujet aussi difficile, énumérer successivement les raisons qui peuvent militer pour l'une aussi bien que pour l'autre. Il n'en est que plus nécessaire de dégager et de mettre en lumière le résultat commun aux deux solutions : la correspondance entre les deux grands plis, aujourd'hui séparés, de l'Étoile et de la Ste-Beaume, et l'importance des déplacements horizontaux dans l'intervalle qui les sépare. Dans son ensemble, le pli de l'Étoile, par rapport à celui de la Ste-Beaume, se trouve reporté un peu plus vers le nord ; mais ce déplacement, relativement faible pour la ligne de superposition du Jurassique au Crétacé, c'est-à-dire pour la charnière anticlinale, est au contraire très grand pour la limite de pénétration du Crétacé sous le Jurassique, c'est-à-dire pour la charnière synclinale. Cette dernière considération sera surtout développée dans la discussion de la seconde solution.

*Seconde hypothèse.* — La seconde hypothèse est celle que j'avais autrefois admise sans discussion. Elle peut se résumer de la manière suivante : le massif d'Allauch n'est pas un massif affaissé, mais un massif *surélevé*. Le Trias qui l'entoure se prolongeait primitivement au-dessus du massif. En d'autres termes un grand pli couché étendait ses masses de recouvrement depuis Allauch jusqu'au bassin de Fuveau : un bossellement postérieur, et la dénudation qui en a été la conséquence, ont fait apparaître, comme un large îlot triangulaire, le substratum crétacé. Le pli anticlinal fermé qui semble entourer le massif, ne serait que l'affleurement d'une surface anticlinale, ou, pour mieux dire, de la surface axiale du pli.

Un pli de cette amplitude (recouvrement de 9 kilomètres environ), ne peut être un pli isolé ; il doit se relier aux plis voisins, celui de l'Étoile et celui de la Ste-Beaume, et ce qu'il faut chercher, c'est la manière dont peut se faire ce raccordement. Or, la discussion mène à ce résultat inattendu : *le raccordement avec les plis voisins ne peut se faire directement, et la charnière synclinale, dans l'hypothèse d'un pli couché, suit toutes les irrégularités des affleurements crétacés.*

Cherchons en effet jusqu'à quelle distance le Crétacé pénètre sous les terrains voisins ; évidemment, dans une direction quelconque, il se prolonge souterrainement : ou jusqu'à la rencontre d'un nouvel affleurement crétacé ; ou jusqu'à la rencontre d'une faille qui supprime cet affleurement, c'est-à-dire qui mette en contact les terrains de recouvrement avec ceux du substratum ; ou enfin jusqu'à la charnière synclinale du pli couché.

Du côté de l'est, il est impossible que le Crétacé d'Allauch aille rejoindre souterrainement d'autres affleurements de même âge. Ce ne pourrait être en effet que les affleurements du flanc septentrional de la Ste-Beaume, de l'autre côté de la plaine de l'Huveaune. Or, le Crétacé de ce massif est nettement superposé au Trias de Roquevaire (voir ma note sur la Ste-Beaume); il ne peut donc se raccorder avec celui qu'on supposerait prolongé sous le même Trias.

Ainsi, du côté de l'est, et cela sur toute la longueur du massif, la pénétration du Crétacé doit être limitée par la charnière synclinale du pli, c'est-à-dire que cette charnière synclinale doit suivre de plus ou moins loin le bord du massif. Et même l'hypothèse la plus vraisemblable, d'après la disposition des affleurements crétacés, semble alors que la pénétration soit nulle, c'est-à-dire que la charnière synclinale coïncide avec la faille qui limite de ce côté le Crétacé.

D'ailleurs, que la pénétration soit nulle ou qu'elle soit faible, la question a peu d'importance et les conclusions sont les mêmes. La charnière synclinale, après avoir suivi le sud des affleurements crétacés, doit nécessairement aller rejoindre par dessous le massif de Peipin, la charnière synclinale de ce massif. Mais nous avons vu qu'entre Peipin et la Débrousse, le Jurassique supérieur, au lieu de continuer à se déverser sur le Crétacé, se redresse presque verticalement. Le Crétacé ne peut donc pénétrer que sous la partie occidentale du massif de Peipin, et la limite de pénétration, ou ligne de raccordement des deux charnières synclinales, ne peut qu'envelopper de bien près le promontoire aptien, pour se contourner ensuite le long du bord du massif de Peipin.

Ainsi, de proche en proche, on arrive à cette conclusion : le contour des affleurements crétacés du massif d'Allauch n'est pas une ligne accidentelle, dont la forme est due aux hasards de la dénudation; *c'est bien réellement une ligne directrice.* Comme semblait déjà l'indiquer son enveloppement en demi-cercle par un autre bassin crétacé (de Peipin à Font-de-Mai et à Carlavan), c'est une ligne dont la forme est liée à la nature même des accidents qui ont déterminé l'isolement de ces affleurements crétacés (fig. 5, pl. 2).

Du côté de l'ouest, les conclusions sont les mêmes. Nous avons vu qu'à St-Saturnin et à Mimet, l'enfoncement du Crétacé semble très faible sous le massif de l'Étoile. Il faut donc que d'Allauch la charnière synclinale (ou limite de pénétration du Crétacé) se dirige vers Mimet, et par conséquent qu'elle suive de plus ou moins près la faille de décrochement (faille Doria). Ce que nous savons du massif de Pichauris permet même de préciser sa position en un point intermédiaire.

En effet, nous avons vu qu'à l'ouest aussi bien qu'à l'est, l'Infralias et le Lias s'enfoncent sous la colline 625. Si le Crétacé pénètre profondément de ce côté sous le Trias, il en est de même des termes renversés qui l'accompagnent, et par conséquent quand ceux-ci reparaissent à l'ouest, auprès de la ferme de Pichauris, ils ne peuvent représenter (fig. 16) que la continuation du même pli, *en un point où ce pli n'englobe plus, comme terme le plus récent, que du Bathonien.* Il faut donc que la charnière synclinale du Crétacé soit plus à l'est, c'est-à-dire sous la colline 625. Il serait tout à fait invraisemblable de supposer, sans qu'aucune observation vienne à l'appui, une sorte de rebroussement de cette charnière synclinale, conformément au croquis ci-joint (fig. 26); ce serait pourtant la seule hypothèse qui pourrait expliquer une pénétration plus profonde du Crétacé sous le Trias.

Si donc les accidents du massif d'Allauch se rapportent à un pli couché, *la charnière synclinale de ce pli décrit une boucle presque complètement fermée.* A l'endroit où cette boucle se rétrécit, au-dessus des Mies, le Crétacé englobé a été, comme nous l'avons vu d'après l'étude des affleurements, *entièrement recouvert par le Jurassique* (voir la fig. 16), ou du moins il n'y a que quelques mètres de distance entre les derniers blocs de calcaire blanc superposés à l'Aptien et la falaise oxfordienne qui en limite à l'est l'affleurement. Plus au nord, au-dessus

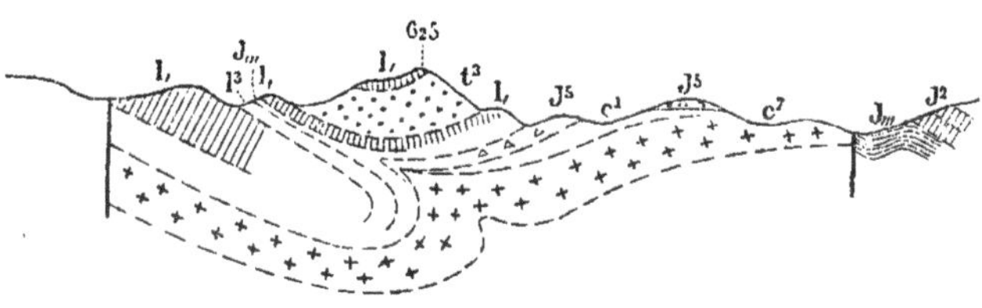


Fig. 26.

du Pied-de-Veyraud, l'Infralias, qui existe de part et d'autre, devait se rejoindre par dessus l'Aptien ; et plus au nord encore, en approchant des Termes, la nappe infraliasique de l'est se réunit effectivement à celle de l'ouest, continuant, sans que rien vienne en avertir à la surface, à recouvrir une sorte de boyau crétacé. Ce boyau ferait communiquer souterrainement le Crétacé des Mies avec le bassin de Fuveau, et la coupe dans la partie intermédiaire aurait quelque analogie avec celle que j'ai essayé de représenter dans la figure (27).

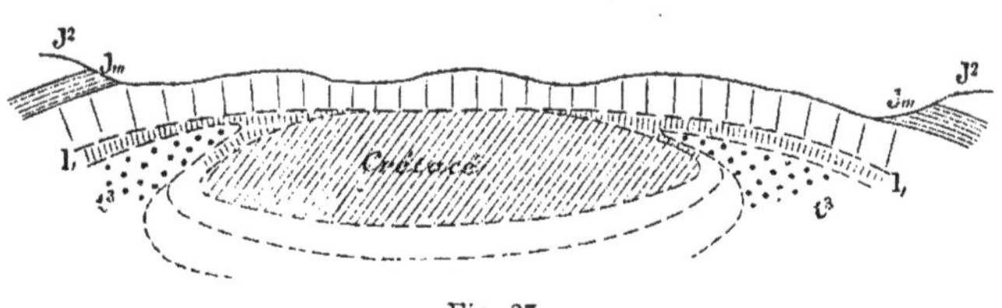


Fig. 27.

La nappe d'Infralias ne peut ainsi être continue en un point que si elle l'a été au-dessus de toute la boucle, c'est-à-dire au-dessus de tout le massif d'Allauch. C'est bien l'idée première dont nous étions partis ; mais elle se trouve modifiée en un point important. Cette nappe, que nous rétablissons par la pensée au-dessus du massif d'Allauch, ne se rattache plus à un phénomène de recouvrement plus étendu et plus général ; il n'y aurait eu superposition du Trias au Crétacé que sur l'emplacement des affleurements actuels, qui correspondraient à une sorte d'*invagination* de la charnière synclinale du pli de l'Etoile.

A l'ouest du massif de Peipin, le pli de l'Etoile se continue, comme je l'ai montré, dans le massif des Boyers, et on perd sa trace en arrivant au bassin tertiaire de Saint-Zacharie. Sous le massif jurassique des Boyers, il y a incontestablement pénétration du Crétacé, mais rien ne peut indiquer jusqu'à quelle profondeur. Il serait assez séduisant, assez conforme à la disparition simultanée des deux plis avant Saint-Zacharie, de supposer que c'est ce même Crétacé qui va ressortir à Sainte-Croix, près d'Auriol. La faille, vers Sainte-Croix, ne serait alors que l'affleurement de la surface de superposition représentant le flanc moyen ou flanc étiré du pli, et le déversement local vers le sud ne serait qu'une simple apparence. On serait en présence d'un important lambeau de recouvrement se rattachant comme ceux des Boyers et de Saint-Zacharie, au pli de la Sainte-Beaume. Mais il faut se rappeler que ces collines, malgré l'interruption causée dans les affleurements par les poudingues discordants de la Débrousse, semblent se rattacher assez étroitement à celles de Peipin, pour laquelle la même hypothèse est inadmissible. Les mêmes terrains entrent dans la composition des deux massifs; les plis secondaires y sont en même nombre et s'y font face assez exactement; ce qui serait un hasard bien extraordinaire, dans le cas où le premier de ces massifs ferait partie du substratum resté en place, et où le second aurait été amené en juxtaposition fortuite par un charriage de près de dix kilomètres. Je ne vois pas le moyen, dans l'état des observations, de discuter plus à fond cette nouvelle hypothèse; mais je crois qu'en l'absence d'arguments précis, il serait téméraire de s'y arrêter.

Son intérêt en tout cas est purement local ; la charnière synclinale, dont nous avons suivi le tracé hypothétique autour du massif d'Allauch, se dirige en tout cas, au moins jusqu'à la Détrousse, vers le bassin de Saint-Zacharie, et le problème qui reste à résoudre est de la raccorder avec la charrière synclinale du pli de la Sainte-Beaume. On pourrait objecter que ce raccordement n'est pas nécessaire, et que le pli peut se terminer, là au moins en tant que pli couché, le pli de la Sainte-Beaume étant un autre pli qui le remplacerait parallèlement. Mais ces phénomènes de plis qui cessent rapidement et se substituent les uns aux autres, sont bien admissibles quand il s'agit de plis droits; ils cessent de l'être dans le cas de grands déplacements horizontaux. Quelles qu'aient été les complications secondaires, explicables par des différences de résistances, le mouvement qui aurait poussé l'Infralias d'Allauch jusqu'à Pichauris et celui qui a poussé l'Infralias de Saint-Pons jusqu'auprès de Saint-Zacharie, ne peuvent être que le résultat d'une même translation d'ensemble vers le nord. Si dans les deux massifs qui se font face exactement de part et d'autre de l'Huveaune, il y a eu, dans le même sens et en parfaite correspondance, des déplacements équivalents de plusieurs kilomètres, il serait contraire à toute vraisemblance et même à tout bon sens, d'y voir la conséquence de deux actions indépendantes et de deux plis réellement distincts.

Il faut donc admettre que la charnière synclinale, à partir du point où nous perdons sa trace, que ce soit sous le bassin tertiaire de la Détrousse ou sous celui de Saint-Zacharie, se trouve ramenée vers le sud par un nouveau décrochement. La place de ce décrochement correspondrait à la bande triasique de la vallée de l'Huveaune, au-dessus de laquelle la charnière synclinale et les couches crétacées qu'elle englobait auraient disparu par dénudation. En d'autres termes, la charnière synclinale, après avoir contourné le massif d'Allauch et celui de Peipin, serait rejetée vers le sud, ou contournerait dans un dernier circuit la pointe triasique d'Auriol et de Saint-Zacharie. C'est ce que montre le croquis (fig. 5, pl. 2), dans lequel les parties actuellement superposées au Crétacé ont été barrées de traits pleins, tandis que des traits ponctués indiquent les parties où il y aurait eu recouvrement dans l'état primitif, et où les terrains superposés au Crétacé auraient été enlevés par dénudation.

Quoique les hypothèses successives s'enchaînent et se déduisent les unes des autres, elles sont trop nombreuses, trop peu appuyées sur des faits d'observation, pour qu'elles puissent entraîner quelque certitude. Le système d'interprétation auquel on arrive est possible; c'est tout ce qu'on peut dire. Les fig. (1) et (2), de la planche II, montrent quelle serait la coupe résultant pour l'ensemble du massif.

Théoriquement, cette interprétation soulève une question, sur laquelle quelques explications ne sont pas inutiles : le pli couché dans son ensemble, se serait propagé à peu près en ligne droite, ou pour être plus précis, l'ensemble des déplacements horizontaux qui lui correspondent se seraient répartis dans une bande orientée assez régulièrement de l'est vers l'ouest; mais à l'intérieur de cette bande, large d'une dizaine de kilomètres, une des lignes directrices du pli, la charnière synclinale qui enveloppe les couches crétacées, décrirait une série de sinuosités. Il me semble, en essayant de me représenter les diverses phases de la formation d'un pli couché, que cette anomalie apparente peut se concevoir et s'expliquer d'une manière satisfaisante.

Le point de départ de la formation d'un pli couché, est la formation d'un simple bourrelet superficiel, qui peut être ou droit ou couché, c'est-à-dire composé de couches dressées verticalement ou restées horizontales. Dans le second cas, les forces de compression continuant à agir, tendent à pousser ce bourrelet en avant, et plus spécialement la partie en saillie, qu'aucun obstacle ne maintient. Cette partie *plus mobile* se compose de deux moitiés, l'une, la moitié supérieure, où l'ordre de superposition des couches est l'ordre normal, l'autre, la moitié inférieure, où cet ordre est inversé. Lors de la mise en mouvement, il y a afflux de matière possible pour la première partie, tandis que la seconde reste limitée à son volume primitif. Quand le bourrelet s'allonge en pli couché, la moitié renversée s'étale sur une plus grande surface, et par conséquent diminue d'épaisseur ; les couches s'y étirent en proportion de l'allongement. C'est le cas du pli couché ordinaire. Il suppose que *la charnière synclinale reste fixe*.

Mais il se peut que le mouvement de déplacement se propage plus profondément, et qu'il entraîne aussi la charnière synclinale, insuffisamment maintenue par les couches qu'elle englobe. Le résultat apparent sera alors seulement de transporter le bourrelet primitif en avant de sa position première, sans changer de forme et tout d'une pièce. Le rapprochement superficiel des deux lèvres du fuseau comprimé est le même dans les deux cas ; mais l'arrangement des matières est tout différent et cette différence donne lieu, soit à une faille de décrochement, soit à une déviation plus ou moins brusque de la charnière synclinale. D'un côté de cette faille ou de cette ligne de déviation les phénomènes de recouvrement sont très importants, de l'autre ils pourront être très peu étendus.

C'est un exemple de ce genre que nous offrirait la région étudiée : la charnière synclinale serait restée immobile dans la chaîne de Ste-Beaume ; elle aurait été reportée de plusieurs kilomètres vers le nord dans le massif de l'Etoile. Entre les deux, la résistance opposée à sa mise en mouvement, a donné lieu aux complications spéciales du massif d'Allauch. Dans la seconde interprétation, ce massif serait à comparer à un immense bloc qui, pincé dans la charnière synclinale, aurait entravé localement son déplacement vers le nord. Les couches qui l'englobaient, forcées de rester en arrière du mouvement général, auraient subi d'énormes efforts de traction, comme une membrane élastique qui se distendrait en moulant un obstacle, et telle serait la cause des étirements inusités observés tout autour du massif.

Une des conséquences importantes de la première interprétation était le rôle considérable attribué à des pressions transversales, mises en jeu postérieurement à celles qui ont déterminé les grands plis couchés. Le rôle de cette *ondulation transversale* deviendrait ici beaucoup plus faible ; il n'est pas moins manifeste, et le serait d'ailleurs par le seul fait du plissement des couches oligocènes ; mais il reste plus étroitement limité à la région triasique de l'Huveaune, c'est-à-dire à la région au dessus de laquelle les phénomènes du recouvrement se seraient trouvés interrompus par l'avancement de la charrière synclinale. Sous cette forme, il semble qu'on s'explique assez bien comment cette région triasique a dû former une région moins élevée que les massifs voisins, prédestinée par suite à recevoir les dépôts oligocènes, et comment en même temps elle pouvait constituer une ligne de moindre résistance, spécialement propre à se plisser sous des actions ultérieures.

**Résumé.** — En résumé, le massif d'Allauch présente une série d'accidents exceptionnels, mais assez étroitement coordonnés entr'eux pour qu'ils doivent sans aucun doute être rapportés à une cause d'ensemble. Le fait dominant, celui d'un massif crétacé englobé dans une ceinture de couches triasiques, peut s'expliquer de deux manières : ou en supposant que le massif correspond à une région plus enfoncée que les parties voisines et par conséquent moins dénudée, ou en supposant qu'il correspond à une partie relativement saillante, et par conséquent plus profondément dénudée. Dans la première hypothèse, les accidents du massif seraient dus à un système de plissements secondaires et postérieurs, qui aurait produit des plis ou plis-failles très limités en direction et couchés dans des sens opposés. Dans la seconde hypothèse, ces accidents seraient une conséquence directe du plissement principal, et des déplacements inégaux de la charnière synclinale. Mais dans les deux cas, la discussion des deux seules solutions possibles mène à relier le pli de la Ste-Baume à celui de l'Etoile, à en faire une même unité, et à admettre dans la région intermédiaire des déplacements horizontaux au moins aussi importants que dans les massifs voisins. Ces déplacements horizontaux offrent là un intérêt spécial, parce qu'ils se sont, quelle que soit l'hypothèse adoptée, produits dans le flanc inférieur du pli, ce n'est plus seulement dans le flanc renversé ou dans les masses amenées en superposition anormale, qu'on peut constater les glissements des assises les unes sur les autres, c'est dans la partie inférieure, dans le substratum normal du pli couché qu'une partie des étages se trouve supprimée par des étirements ou par des failles parallèles à la stratification.

Quant aux deux questions plus générales soulevées par la discussion précédente, à savoir le rôle des ondulations transversales en Provence et celui des déplacements inégaux de la charnière synclinale dans les plis couchés, ce n'est pas jusqu'à nouvel ordre l'étude du massif d'Allauch qui permettra de se prononcer à leur sujet, puisque ce rôle varie avec l'interprétation adoptée. Mais sans prétendre à les résoudre, c'est peut-être déjà un résultat utile d'avoir été amené à poser ces questions, et à appeler l'attention sur l'importance qu'elles peuvent avoir dans la structure des massifs montagneux.

**Lacunes et suppressions de couches.** — Je n'ai pas voulu interrompre la discussion, déjà bien compliquée, de la structure du massif d'Allauch, en insistant sur les phénomènes de suppressions de couches, si fréquentes autour du massif, ni sur les lacunes que, dans le massif lui-même, présente la série crétacée. Je crois, pour ma part, que ces phénomènes si particuliers et si remarquablement localisés dans la région, doivent être attribués à une même cause : aux glissements qui se sont produits dans le flanc inférieur d'un pli couché. Comme l'existence de ces glissements est la conséquence principale qui se dégage de cette étude, il est bon maintenant de revenir avec quelque détail sur ce sujet.

D'abord, en ce qui concerne la zone de bordure, personne ne peut mettre en doute que les suppressions intermittentes de couches observées sur les bords de la cuvette crétacée de la Treille, Roquevaire et Peipin, ne soient dues à des actions mécaniques. Il ne peut être question de lacunes de sédimentation, quand partout les terrains supprimés reparaissent à peu de distance avec tous leurs caractères et toute leur épaisseur. Il ne peut non plus être question de failles verticales, quand partout les assises se suivent parallèlement ; ces surfaces de glissement, inclinées comme les couches dans les affleurements, continuent certainement en profondeur à en suivre la courbure et en partager les inflexions ; un puits creusé au centre de la cuvette ne rencontrerait pas sous le Crétacé une série plus complète que celle qu'on observe sur les bords.

La seule objection est non pas dans l'exagération, mais dans l'irrégularité de ces phénomènes : à l'est de la bande périphérique de Trias, on voit souvent les terrains supprimés, au lieu de reprendre graduellement leur place, reparaître brusquement avec toute leur épaisseur. Ainsi à l'ouest de Font-de-Mai, la série jurassique est à peu près complète, et au nord de la ferme le Trias est presque en contact avec le Cénomanien ; au sud du ravin qui descend à la station de Pont de l'Etoile, le Lias, le Bathonien et les dolomies jurassiques sont bien développées; au nord du même ravin on ne trouve plus que quelques mètres de calcaires à silex. Il en est de même au nord et au sud de Lascours. Il y a en quelque sorte, comme je l'ai dit plus haut, resserrement et épanouissement brusques des bords de la cuvette.

Les points où se font ainsi ces disparitions et ces réapparitions de terrains, donnent naissance à de petites failles transversales de décrochement, qu'on déduit du tracé des contours plutôt qu'on ne peut les observer directement. Mais ces décrochements restent toujours limités au bord de la cuvette crétacée *et ne déplacent nulle part la petite bande triasique qui entoure le massif.* Il semble donc que ces failles transversales doivent être considérées comme continuant les lignes de discontinuité les plus accusées dans la retombée des couches jurassiques. En essayant ce raccord sur la carte géologique, on voit que les lignes qui en résultent dessinent sur le bord du bassin tertiaire une série de courbes concaves vers ce bassin, comme une série de golfes comparables à ceux d'une côte accidentée (la côte ouest de l'Italie par exemple, v. Suess *das Antlitz des Erde*, t. I, p. 178). Ces courbes circonscrivent à leur intérieur un ensemble de couches toujours plus récentes que celles qui les entourent; elles semblent donc délimiter autant de bassins d'affaissement (la Treille, les Camoins, Lescours, Peipin), disposés en rangée demi-circulaire autour du massif d'Allauch. Ces affaissements seraient en tout cas antérieurs au dépôt des couches oligocènes, qui ne sont certainement pas affectées par ces failles.

Je n'ai eu l'idée de ces bassins secondaires qu'en rédigeant cette note; il y aurait donc lieu de vérifier par une nouvelle étude la continuité, ainsi que l'uniformité d'allures des failles qui les limitent. Mais l'existence de ces bassins est en tout cas un fait secondaire, indépendant des autres accidents; les affaissements supposés n'interviennent que pour expliquer les variations brusques des étirements et pour les compenser; mais ces étirements restent le fait principal et incontestable. Et ce n'est pas un seul glissement ni même un nombre limité de glissements qui peuvent les expliquer; il est exceptionnel tout le long de la bordure, qu'un seul étage, quel qu'il soit, se présente longtemps avec son épaisseur normale.

Si maintenant on passe de la bordure à l'intérieur du massif, les apparences changent complètement; il semble qu'on rencontre là la série crétacée avec son plein développement; le soubasement valenginien, presque partout horizontal, a même une épaisseur plutôt plus grande que l'épaisseur ordinaire de cet étage. Mais au-dessus de ce soubasement, tandis que certains étages, comme les calcaires à Hippurites, restent bien représentés, d'autres font complètement défaut: la série crétacée, horizontale et puissante, présente *des lacunes*, qui ne semblent d'abord pouvoir s'interpréter que comme lacunes de sédimentation.

Ainsi l'Urgonien existe bien dans la partie sud du massif; mais il diminue rapidement d'épaisseur vers le nord-est, puis disparaît complètement dans cette direction. L'Aptien n'a jamais été signalé, le Cénomanien est au moins douteux et en tout cas rudimentaire, et vers la pointe septentrionale du massif, les calcaires à Hippurites reposent directement, sans discordance visible, sur le Néocomien inférieur[1]. Et cependant l'Urgonien existe au nord-ouest à Simiane, au nord à Peipin, au nord-est à Pierrascas; il est bien développé tout le long de la bordure du massif. L'Aptien existe au sud, de Martelleine jusqu'au-delà de Garlaban, au nord dans le massif des Mies; il est très développé à St-Pons et dans la Ste-Beaume, et se retrouve dans les massifs du sud de l'Huveaune (Carpiagne, Corniche de Marseille), aussi bien qu'au nord de l'Etoile, (Mimet et St-Savournin). J'ai de tous côtés, dans la bordure, retrouvé le Cénomanien : au nord du triangle des Cadets[2], au Mies[3], au pied du Garlaban, à Font-de-Mai, à Chapelette. Il n'est sans doute pas impossible, comme le pense M. Collot[4], que depuis l'époque valenginienne, le massif ou une partie du massif ait formé un haut fond balayé par les vagues, où la sédimentation aurait été arrêtée, tandis qu'elle se continuait tout à l'entour; il est même très admissible en ce cas que la présence de ce haut fond n'ait modifié en rien la composition des sédiments voisins. M. Collot signale, à l'intérieur du massif, « une surface percée de lithophages et enduite de limonite, immédiatement au-dessus de la partie la plus fossilifère des marnes néocomiennes. » J'ai moi-même observé, au-dessus du Jas de Palenchon, au milieu des marnes néocomiennes, une sorte de mur vertical formé d'un calcaire dur, pétri d'huîtres et de polypiers, contre lequel venaient buter les marnes peu inclinées. Ces phénomènes indiquent évidemment une faible profondeur d'eau ; mais toutes les couches crétacées de cette partie de la Provence sont des couches d'eau peu profonde, et on n'a guère le droit de déduire de ces faits une tendance spéciale à l'émersion pour tout le massif. La présence de la bauxite, celle de couches saumâtres dans le Turonien, sont aussi des faits beaucoup moins localisés que les lacunes du massif. Ils ne suffisent pas à lui attribuer une histoire aussi spéciale.

Il me semble plus vraisemblable d'attribuer ces lacunes, non pas aux conditions de sédimentation, mais à des glissements postérieurs. Nous avons vu que, quelle que soit l'interprétation qu'on adopte, le massif a été soumis à d'énormes tractions horizontales; dans la première hypothèse, ces tractions ont déterminé sous tout le massif une grande surface de glissement; dans la seconde, elles ont transporté à plusieurs kilomètres vers le nord, des masses primitivement attenantes au massif. Elles ont en tout cas déterminé des glissements complexes dans la zone de bordure; des glissements analogues ont donc dû se produire dans le massif lui-même, et ces glissements ont pu amener en superposition directe des couches primitivement séparées par une plus ou moins grande

[1] Collot, *loc. cit.*, p. 92.

[2] Id., p. 797.

[3] Aux Mies, outre un affleurement de calcaires à Caprines sous la masse des calcaires à Hippurites, j'ai trouvé un lambeau de calcaire à Orbitolines, sur le chemin au sud de la source des Trois-Fonts, pincé d'une manière assez inattendue et peu explicable, entre l'Aptien et le Jurassique renversé.

[4] Collot, *loc. cit.*, p. 66.

[5] Id., p. 58.

épaisseur [1]. Sans doute *à priori* il semble que la distinction entre une surface de stratification et une surface de superposition mécanique doit toujours être facile à faire, et que le raccord ne puisse être assez parfait pour qu'une observation un peu attentive ne suffise pas à lever tous les doutes. Mais l'examen de nombreuses coupes (en Provence et dans les Alpes), où l'origine des lacunes n'est pas contestable, montre au contraire que ces raccords se font sans biseau de couches, sans irrégularités spéciales, que la superposition par glissement reproduit tous les caractères apparents de la superposition par sédimentation. Le *réarrangement* des assises déplacées est si parfait que toute trace de déplacement a disparu, et, que la comparaison seule avec les coupes voisines, en montrant la lacune, peut faire soupçonner le phénomène. Cette particularité s'explique parce que, dans ces sortes de mouvements, tous les plans de stratification sont des plans de glissement facile, et que le déplacement d'ensemble se répartit alors en un grand nombre de déplacements élémentaires, qui par leur petitesse échappent à l'observation. Si ces déplacements étaient rigoureusement parallèles aux couches, ils ne changeraient rien aux apparences observées; mais il suffit qu'ils leur soient légèrement obliques pour amener des suppressions d'assises ou des diminutions importantes dans leur épaisseur.

Dans le cas actuel, le doute est permis parce qu'on est dans la proximité de régions où des lacunes analogues existent, et sont continues sur de trop grands espaces pour ne pas être originelles [2]. Mais on est séparé de ces régions par des bandes d'affleurement où ces lacunes disparaissent; la liaison géographique avec les phénomènes mécaniques est donc plus nette et plus intime qu'avec les modifications incontestables des bassins sédimentaires; c'est là, à mes yeux, une raison suffisante pour chercher dans ces phénomènes la raison d'être des lacunes, si localisées, du massif d'Allauch.

On le voit, sur bien des points le massif d'Allauch reste encore un problème, et il peut prêter encore à bien des discussions. Il y a là un point singulier, où l'allure des plis voisins s'interrompt brusquement avant de reprendre plus loin, et où cette interruption donne lieu à une série d'accidents spéciaux, d'une orientation capricieuse et d'une complication inusitée. J'ai montré que, en dehors de quelques affaissements plus récents, il était possible de voir dans tous ces accidents, de nature et d'importance diverse, une conséquence directe du plissement général, mais la preuve n'est pas faite, et tout en reconnaissant sans aucun doute l'influence de ces plissements, on peut encore prétendre qu'elle n'a pas été seule en jeu pour donner à ce coin de la Provence son caractère exceptionnel; que déjà à l'époque crétacée, la sédimentation s'y est produite dans des conditions spéciales, et avec des nombreuses lacunes; que plus tard, un nouveau système de plissements, dont les traces sont ailleurs peu reconnaissables, a sur cet emplacement superposé ses effets à ceux des grands déplacements horizontaux. Il

[1] C'est probablement au même phénomène d'ensemble qu'il faudrait rattacher les *failles obliques*, signalées par MM. Gourret et Gabriel.

[2] V. Collot, *Bull. Soc. Géol.*, 3e série, t. XIX.

est clair qu'au point de vue théorique, la première solution serait préférable, ou au moins plus séduisante ; c'est l'espoir d'arriver à trouver en sa faveur un argument décisif qui a si longtemps retardé la rédaction de cette note; mais il faut avouer que cet argument décisif n'est pas jusqu'ici fourni par les faits d'observation. Chacune des deux interprétations proposées aurait des conséquences importantes, et d'un intérêt général; il faut, je crois, attendre de nouvelles données pour pouvoir entre elles deux faire son choix avec quelque assurance.

---

Laval. — Imprimerie et Stéréotypie E. JAMIN. 41, rue de la Paix.

Lith. L. Wuhrer, R.d

Imp. Monrocq

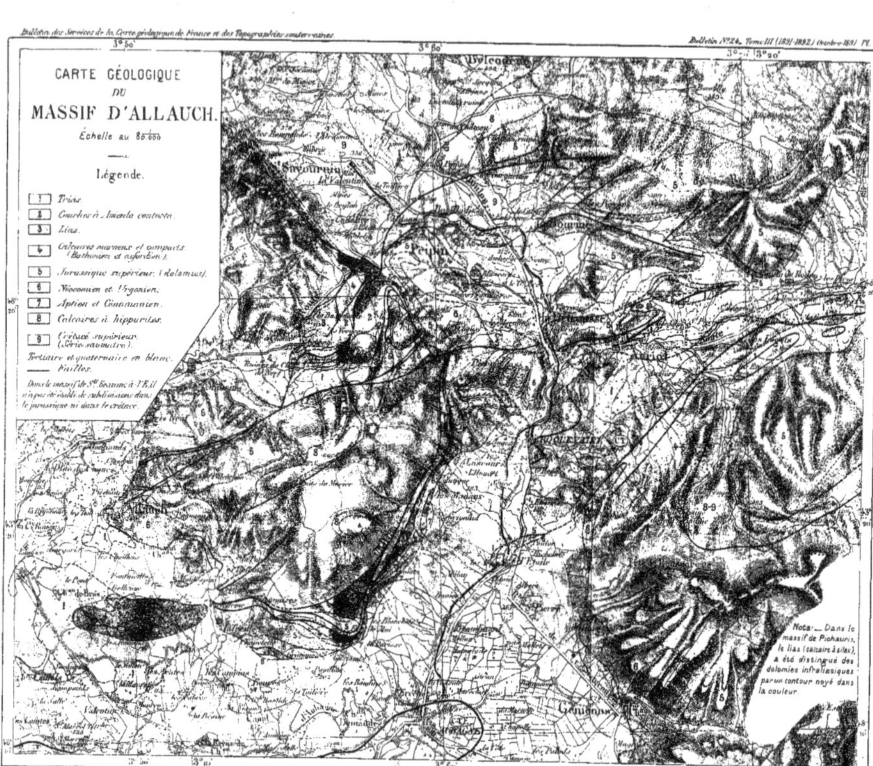


Lith. L. Wuhrer, R. de l'Abbé de l'Epée 4.

Imp. Monrocq

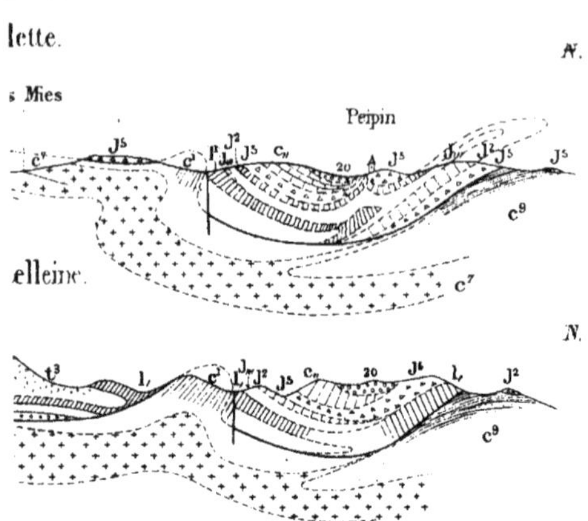


Fig. 4
. secondaires en relation avec la bande triasique (anticlinale $A_1$) de l'Huveaune.

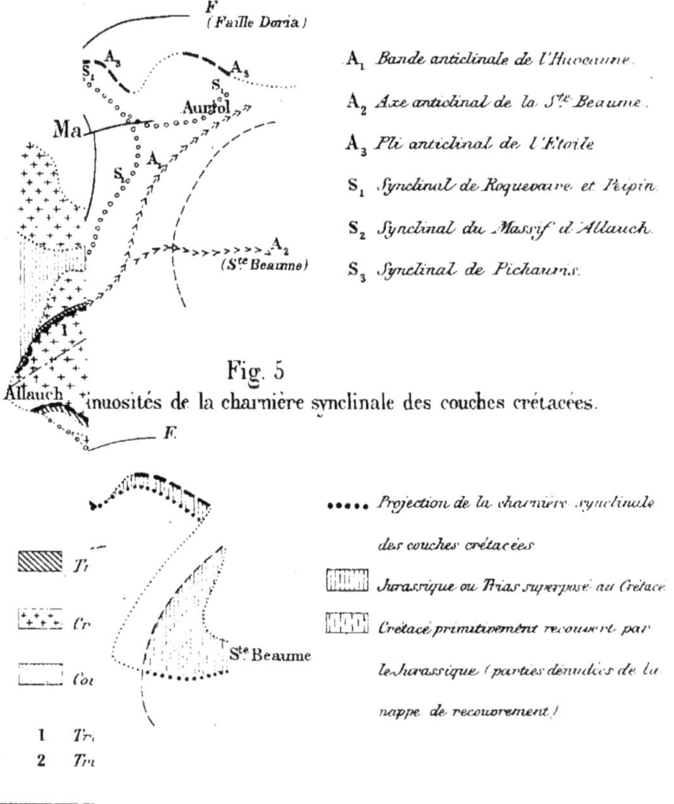


Fig. 5
Sinuosités de la charnière synclinale des couches crétacées.

Fig 1. Coupe de Peipin à l'Ouest de Chapelette.



Fig. 2. Coupe par la colline 625 (près Pichauris) et par Martelleine.



Fig. 3
Croquis schématique du Massif d'Allauch.



Trias et couches à Avicula contorta.

Crétacé. Jurassique.

Couches oligocènes (Discordantes).

Ligne de recouvrement (Jurassique superposé au Crétacé)

Faille de décrochement.

Faille d'affaissement.

Axe synclinal. Faille d'étirement.

1 Triangle des Cadets.
2 Triangle de Pichauris.
3 Collines d'Auriol.
4 Collines de Peipin.

Fig. 4
1ère Hypothèse _ Synclinaux secondaires en relation avec la bande triasique (antidinale $A_1$) de l'Huveaune.



$A_1$ Bande anticlinale de l'Huveaune

$A_2$ Axe anticlinal de la Ste Beaume.

$A_3$ Pli anticlinal de l'Étoile

$S_1$ Synclinal de Roquevaire et Peipin

$S_2$ Synclinal du Massif d'Allauch.

$S_3$ Synclinal de Pichauris.

Fig. 5
2e Hypothèse _ Sinuosités de la charnière synclinale des couches crétacées.



Projection de la charnière synclinale des couches crétacées.

Jurassique ou Trias superposé au Crétacé

Crétacé primitivement recouvert par le Jurassique (parties dénudées de la nappe de recouvrement).

Gravé chez L. Wuhrer rue de l'Abbé de l'Épée 4.

Imp. Monrocq.

www.ingramcontent.com/pod-product-compliance
Ingram Content Group UK Ltd.
Pitfield, Milton Keynes, MK11 3LW, UK
UKHW021652260726
13994UKWH00003B/1428

9 782329 471129